THÈSES

DE

CHIMIE ET DE PHYSIQUE,

PRÉSENTÉES

A LA FACULTÉ DES SCIENCES DE PARIS,

Par M. Auguste **CAHOURS.**

PARIS,
IMPRIMERIE DE BACHELIER,
RUE DU JARDINET, 12.

1845.

ACADÉMIE DE PARIS.

FACULTÉ DES SCIENCES.

MM. DUMAS, doyen,
BIOT,
FRANCOEUR,
MIRBEL,
PONCELET,
POUILLET,
LIBRI,
STURM,
DELAFOSSE,
LEFÉBURE DE FOURCY,
DE BLAINVILLE,
CONSTANT PREVOST,
AUGUSTE SAINT-HILAIRE,
DESPRETZ,
BALARD,
MILNE EDWARDS.

DUHAMEL,
VIEILLE,
MASSON,
PELIGOT,
DE JUSSIEU,
} agrégés.

THÈSE DE CHIMIE.

RECHERCHES

SUR

LES HUILES ESSENTIELLES

ET

SUR UNE CLASSIFICATION DE CES PRODUITS EN FAMILLES NATURELLES,

FONDÉE SUR L'EXPÉRIENCE.

Parmi les composés si variés que la nature organique nous présente, il en est un grand nombre qui, par l'ensemble de leurs caractères, constituent une des familles les plus intéressantes de la chimie organique. Je veux parler des produits qui sont connus sous le nom d'essences ou d'*huiles essentielles.*

Il y a vingt ans à peine leur histoire était en quelque sorte à faire, on se contentait de les définir, de tracer leurs caractères généraux; aujourd'hui ces composés forment un groupe nombreux, important, l'un des mieux connus de la chimie organique. L'étude approfondie qui en a été faite dans ces dernières années par MM. Dumas, Wöhler, Liebig, Piria, Laurent, etc., a fait avancer rapidement la science sur cette partie fort obscure avant leurs savantes recherches. Si pour ma part j'ai contribué, par des efforts constants, à éclairer quelques points de leur histoire, c'est en prenant pour modèles les travaux des hommes éminents que je viens de citer.

Les huiles volatiles, véritables produits de sécrétion, se rencontrent en proportions plus ou moins notables dans les différents végétaux; elles se forment dans des circonstances encore inconnues, mais qu'il sera sans doute possible de déterminer un jour en appliquant à cette étude les ingénieux procédés que la chimie moderne a mis en œuvre, et qui ont permis de résoudre, dans ces derniers temps, des questions ardues que les anciennes méthodes n'eussent pas permis d'aborder.

Ces huiles ne sont pas indifféremment répandues dans toutes les parties des végétaux, et les différents organes d'un même végétal peuvent même souvent sécréter des huiles de nature fort différente.

Elles ne préexistent pas toujours dans les végétaux; ainsi les amandes amères, les fleurs d'ulmaire, la graine de moutarde, etc., ne contiennent pas d'huile volatile toute formée. Le concours de l'eau et d'un ferment spécial, contenu dans la semence ou dans la fleur, est nécessaire à leur production; mais ces cas sont assez rares, et les huiles paraissent se former ordinairement pendant l'acte de la végétation.

Lorsque ces huiles sont directement sécrétées par le végétal, on observe que leur production peut singulièrement varier avec les circonstances physiques; on sait par exemple qu'une vive lumière, qu'une température suffisamment élevée, exercent une influence favorable; ainsi les espèces qui végètent dans le Midi donnent une proportion d'huile beaucoup plus forte que celles qui croissent dans un climat tempéré. En outre, on sait qu'aux approches de la maturation de la graine elles deviennent beaucoup plus abondantes.

Dans les fleurs l'huile paraît se former constamment à la surface et se volatilise à mesure qu'elle prend naissance; de là l'odeur qu'elles exhalent. Dans la tige, les feuilles et les fruits, elle est ordinairement emprisonnée dans des cellules, ce qui permet de dessécher la plante sans occasionner de perte d'huile.

Deux procédés peuvent être employés pour l'extraction des huiles volatiles l'un, qu'on n'applique guère qu'aux zestes de certains fruits, consiste à soumettre la matière réduite en pulpes à l'action d'une pression plus ou moins forte; le second, qu'on met en pratique pour la majeure partie des essences, consiste à placer la plante dans un alambic avec de l'eau, et à soumettre ce mélange à une distillation ménagée; l'huile, entraînée par les vapeurs aqueuses, vient alors se condenser dans un récipient. Suivant que l'huile que l'on veut recueillir est plus légère ou plus pesante que l'eau, on donne à ce dernier une forme particulière.

De même que les huiles grasses, la plupart des huiles volatiles sont formées de deux principes: l'un, liquide à la température ordinaire, qu'on désigne sous le nom d'*éléoptène;* l'autre solide, généralement fusible à une température peu élevée, qu'on désigne sous le nom de *stéaroptène*. Le camphre, par exemple, est une véritable huile essentielle concrète.

Les unes, et celles-là sont en très-grand nombre, renferment deux éléments seulement, le carbone et l'hydrogène; et, chose bien digne de remarque, il n'est aucun végétal qui ne renferme de ces huiles hydrocarbonées. Néanmoins, la majeure partie des huiles volatiles contiennent, en outre, de l'oxygène. Toutes les huiles volatiles pesantes en renferment même ordinairement une proportion assez forte; ainsi l'huile de girofle en contient 22 pour 100 de son poids, et l'huile volatile fournie par la fleur du *Gaultheria procumbens* en renferme jusqu'à 31,5 pour 100.

Il est quelques huiles qui renferment, en outre, de l'azote et du soufre, mais ces dernières sont en fort petit nombre.

Dans toutes les huiles volatiles connues, à de rares exceptions (huiles de pomme de terre, de rhue, de menthe, etc.), le carbone est à l'hydrogène dans un rapport plus grand que celui de 1 à 1, rapport qu'on rencontre dans le gaz oléfiant et ses congénères. On s'explique alors facilement pourquoi ces produits brûlent avec une flamme fuligineuse et de couleur rougeâtre, car une proportion notable de carbone échappant à la combustion se dépose à l'état de noir de fumée dans l'intérieur de la flamme, et la refroidit assez pour lui ôter son éclat.

Les huiles volatiles oxygénées sont toujours accompagnées d'huiles hydrocarbonées. Les essences de cumin, d'ulmaire, de gaultheria, de piment, de girofle, de camomille, de valériane, etc., nous en offrent des exemples.

Ce carbure d'hydrogène possède ordinairement la composition de l'huile de térébenthine; il joue probablement un rôle important dans la végétation, et peut-être est-ce là le point de départ de la formation des huiles oxygénées. La séparation du carbure d'hydrogène de l'huile oxygénée est ordinairement assez facile à opérer, le point d'ébullition de cette dernière étant presque toujours de beaucoup supérieur à celui du premier.

Dans un Mémoire que nous avons publié sur ces matières, M. Gerhardt et moi, nous avons constaté la présence de ce carbure d'hydrogène dans un grand nombre d'huiles oxygénées naturelles, en faisant usage d'hydrate de potasse chauffé à une température capable d'en opérer la fusion; dans cette circonstance, l'huile oxygénée décomposant l'eau de l'hydrate alcalin fixe son oxygène pour produire un acide qui possède toujours une relation de composition fort simple avec elle, tandis que l'huile hydrocarbonée, n'éprouvant aucune altération de la part de cet agent, se sépare et passe à la distillation.

Dans certains cas il existe entre le carbure d'hydrogène et l'huile oxygénée une relation des plus simples, qui tendrait à faire supposer que la seconde dérive du premier par un simple phénomène de substitution.

Ainsi la partie oxygénée de l'essence de cumin a pour formule $C^{40} H^{24} O^{2}$, tandis que le carbure d'hydrogène qui l'accompagne a pour formule $C^{40} H^{28}$. Ce dernier prend-il d'abord naissance dans la graine pour fournir ensuite, par un phénomène de substitution, l'huile oxygénée, ou bien ces deux produits se forment-ils simultanément? c'est ce qu'on ne saurait décider aujourd'hui. Dans le but de résoudre cette question, nous avons fait agir sur le cymène $C^{40}H^{28}$, M. Gerhardt et moi, divers agents d'oxydation, tels que l'acide azotique faible, l'acide chromique, le peroxyde de plomb, un mélange d'acide sulfurique et de peroxyde de manganèse. Dans ces diverses circonstances, l'huile s'oxyde, forme des produits cristallisés, doués de propriétés acides, mais ne donne pas de cuminal (principe oxygéné de l'essence de cumin).

Parmi ces curieux produits dont je poursuis l'étude avec persévérance depuis plusieurs années, deux ont particulièrement fixé mon attention : je veux parler de l'huile de *Gaultheria procumbens,* d'une part, et, de l'autre, de l'essence d'anis et de ses nombreux congénères. L'examen approfondi que j'en ai fait m'a conduit à des résultats importants que je vais faire connaître ici, me proposant, en terminant l'histoire de ces composés, d'établir une classification des huiles essentielles basée sur l'expérience directe, ainsi que des considérations générales qui découlent naturellement de l'observation des faits.

HUILE DE GAULTHERIA PROCUMBENS.

On emploie depuis environ deux ans, dans le commerce de la parfumerie européenne, une essence désignée sous le nom d'*huile de Vintergreen,* et qui est fournie par une plante de la famille des Bruyères, connue sous le nom de *Gaultheria procumbens*. Elle provient surtout de la Nouvelle-Jersey, où la plante qui la fournit existe en grande abondance.

Elle réside dans les fleurs, d'où l'on peut l'extraire directement en faisant macérer ces dernières dans l'alcool ou l'éther ; cette essence diffère donc essentiellement des huiles d'amandes amères, d'ulmaire, etc., qui ne préexistent pas dans les semences ou les fleurs qui les fournissent, mais qui sont, au contraire, le résultat de l'action de l'eau et des ferments sur des matières particulières existant dans ces semences ou ces fleurs.

Chose bien digne de remarque ! cette huile, qui prend naissance sous l'influence de la végétation, présente la composition d'un éther composé, du salycilate de méthylène, ainsi que l'établissent les analyses et les réactions qui vont suivre. Dès lors il m'a été possible de refaire artificiellement ce produit singulier, et de comparer ses propriétés avec celles de l'huile naturelle.

Telle que cette dernière est livrée au commerce, elle présente une teinte ambrée; mais une simple rectification suffit pour la donner tout à fait incolore, ou du moins elle n'offre plus alors qu'une teinte légèrement jaunâtre.

Son odeur, à la fois forte et suave, est très-persistante.

C'est la plus pesante des huiles connues.

Sa densité est de 1,18 environ à la température de 10 degrés; elle commence à bouillir vers 200 degrés, la température s'élève peu à peu et se fixe bientôt à 222; l'huile distille alors sans éprouver d'altération. Les premières parties qui distillent contiennent en effet une huile plus légère que l'eau, et qui n'est mélangée qu'en petite proportion au salycilate de méthylène. Cette huile légère présente exactement la même composition que l'essence de térébenthine.

La saveur de l'huile pesante est chaude et aromatique ; elle est peu soluble dans l'eau, assez cependant pour lui communiquer sa saveur et son odeur. L'alcool et l'éther la dissolvent en toute proportion; il en est de même des essences de térébenthine et de citron.

La solution aqueuse de cette huile, lorsqu'elle est parfaitement neutre, prend une couleur violacée faible par l'addition de quelques gouttes d'un sel de peroxyde de fer; si l'huile est légèrement acide, il se manifeste une coloration violette très-riche et très-intense, dont j'expliquerai la production dans un instant.

Lorsqu'on met cette huile en contact avec une dissolution concentrée de potasse ou de soude caustiques, le tout se prend en une masse cristalline qui se dissout complétement dans l'eau; un acide ajouté à cette dissolution détermine la séparation de l'huile douée de toutes ses propriétés primitives.

Si l'on chauffe le mélange d'huile et d'alcali, ou bien qu'on l'abandonne à lui-même pendant vingt-quatre heures, l'addition d'un acide ne sépare plus d'huile, mais bien une substance solide qui cristallise en prismes doués de beaucoup d'éclat, et qui présente, comme nous le verrons, les propriétés et la composition de l'acide salycilique.

Cette huile forme, avec la baryte et les oxydes de plomb et de cuivre, des combinaisons insolubles et bien définies.

Lorsqu'on soumet à la distillation un mélange d'huile et de baryte anhydre en excès, de l'acide carbonique se fixe sur la baryte, tandis qu'il passe à la distillation une huile parfaitement neutre, identique à l'anisole, substance que j'ai obtenue pour la première fois en plaçant dans les mêmes circonstances l'acide anisique cristallisé.

Le chlore et le brome réagissent avec énergie sur cette huile, il se dégage des acides chlorhydrique ou bromhydrique en grande abondance, et l'on obtient, suivant l'époque à laquelle on arrête la réaction, des produits cristallisés qui dérivent de l'huile par substitution.

Les composés précédents, distillés avec du bicyanure de mercure bien sec, donnent de nouveaux produits dans lesquels le chlore ou le brome se trouvent remplacés par le cyanogène.

L'iode se dissout dans l'huile qu'il colore en brun, mais sans former avec elle de combinaison.

Lorsqu'on ajoute à cette huile de l'acide nitrique fumant, par petites portions, en ayant soin de refroidir le vase dans lequel sont placées les matières réagissantes, afin d'éviter une trop brusque élévation de température, on obtient une première combinaison dont la composition est assez remarquable : c'est de l'indigotate de méthylène; en ajoutant une plus forte proportion d'acide, et chauffant le mélange vers la fin de la réaction, on obtient des produits dérivés de la substance primitive par la substitution de la vapeur nitreuse à l'hydrogène; en épuisant l'action de l'acide nitrique, on obtient en dernier lieu de l'acide carbazotique.

Lorsqu'on laisse tomber des fragments de potassium dans l'huile chauffée de 60 à 70 degrés, la température s'élève, et l'on observe un dégagement gazeux assez abondant; si l'on continue d'ajouter du potassium, le tout se prend en masse, bien qu'on continue à entretenir la température à 100 degrés; il arrive bientôt une époque où, malgré toutes les précautions imaginables, la masse s'enflamme et donne un résidu noir abondant. Dans une expérience, j'ai obtenu un produit présentant les propriétés de l'hydrure de salycile, ce qu'on pourrait expliquer en admettant que dans cette réaction une partie de l'acide salycilique est décomposée : celui-ci céderait de l'oxygène au potassium, et le ferait passer à l'état de salycilate de potasse, tandis que la portion réduite et ramenée à l'état de salycile se combinerait avec le potassium pour former un salycilure.

Lorsque l'on fait digérer en vase clos un mélange de 1 volume de salycilate de méthylène et de 4 à 5 volumes d'ammoniaque liquide, l'huile ne se dissout pas comme lorsque l'on emploie une dissolution de potasse ou de soude caustiques. Si l'on abandonne le mélange à lui-même, on voit le volume de l'huile diminuer graduellement ; au bout de quelques jours, toute l'huile a disparu, et l'on n'a plus qu'un liquide homogène de couleur brunâtre, renfermant un acide particulier, résultant de l'action réciproque de l'ammoniaque et de l'acide salycilique anhydre. Ce nouvel acide possède exactement la composition de l'acide anthranilique, mais il en diffère entièrement par les propriétés.

Après avoir tracé l'histoire des propriétés les plus saillantes de l'huile pesante de *Gaultheria procumbens,* je vais rapporter les nombres qui m'ont servi à établir sa composition :

I. $0^{gr},575$ de matière donnent 0,283 d'eau et 1,332 d'acide carbonique.
II. $0^{gr},590$ de matière donnent 0,291 d'eau et 1,365 d'acide carbonique.
III. $0^{gr},641$ de matière donnent 0,311 d'eau et 1,484 d'acide carbonique.

On déduit de là, pour la composition en centièmes,

	I.	II.	III.
Carbone........	63,17	63,08	63,13
Hydrogène.....	5,46	5,47	5,38
Oxygène.......	31,37	31,45	31,49
	100,00	100,00	100,00

La formule qui s'accorde le mieux avec les nombres précédents est la suivante :

C^{32}	1200,00	63,15
H^{16}	100,00	5,26
O^{6}	600,00	31,59
	1900,00	100,00

formule qui peut se décomposer en

$$C^{28}H^{10}O^{5},\quad C^{4}H^{6}O = C^{32}H^{16}O^{6}.$$

On voit donc, par les résultats ci-dessus, que l'huile du *Gaultheria procumbens* possède exactement la composition en centièmes du salycilate de méthylène.

Afin de vérifier l'exactitude de cette hypothèse, j'ai mélangé à une certaine quantité de cette huile une dissolution de potasse à 45 degrés, à laquelle j'avais ajouté des fragments de cet alcali; en soumettant le mélange à une chaleur ménagée, j'ai obtenu dans le récipient une liqueur qui, traitée à plusieurs reprises par la chaux vive, m'a fourni un liquide plus volatil que l'eau, d'une odeur éthérée, brûlant avec une flamme bleu-pâle, et présentant la plupart des propriétés de l'esprit-de-bois. Le résidu de la cornue, traité par l'eau, a donné, par l'addition d'un acide minéral, un abondant précipité d'acide salycilique, ainsi que je le ferai voir plus bas en traitant de l'action des alcalis hydratés sur l'huile de *Gaultheria*.

De plus, j'ai préparé artificiellement du salycilate de méthylène en soumettant à la distillation un mélange de 2 parties d'acide salycilique cristallisé, 2 parties d'esprit-de-bois anhydre, et 1 partie d'acide sulfurique à 66 degrés. Après l'avoir entièrement purifié, j'en ai fait deux analyses qui m'ont donné :

I. $0^{gr},470$ ont donné 0,229 d'eau et 1,087 d'acide carbonique.
II. $0^{gr},682$ ont donné 0,330 d'eau et 1,575 d'acide carbonique.

On déduit de là, pour la composition en centièmes,

	I.	II.	Théorie.
Carbone...	63,07	62,98	63,15
Hydrogène.	5,38	5,37	5,26
Oxygène...	31,55	31,65	31,59
	100,00	100,00	100,00

Ces nombres se confondent, comme on le voit, avec les précédents, et établissent d'une manière positive l'identité de ces deux produits.

Afin de déterminer le mode de division de la molécule du salycilate de méthylène, j'ai pris la densité de sa vapeur, ce qui m'a donné :

Température de l'air.	9°,5
Température de la vapeur.	259°
Excès de poids du ballon.	$0^{gr},763$
Capacité du ballon.	$325^{c.c.}$
Baromètre.	$0^{m},760$
Air restant.	0

d'où l'on déduit pour le poids du litre, 7,05, et par suite, pour la densité cherchée, 5,42.

Le calcul donne

32 vol. vapeur de carbone.	=	13,57
16 vol. d'hydrogène. . . .	=	1,10
6 vol. d'oxygène.	=	6,63

$$\frac{21,30}{4} = 5,32$$

d'où l'on voit que ce composé présente le même groupement moléculaire que les autres éthers formés par les acides volatils.

Action des alcalis hydratés sur le salycilate de méthylène.

Lorsqu'on met en contact, à froid, le salycilate de méthylène avec une dissolution aqueuse de potasse concentrée, on obtient une masse blanche cristalline, entièrement soluble dans l'eau froide; une dissolution de soude caustique se comporte absolument de la même manière. Si l'on ajoute du salycilate de méthylène à une dissolution chaude de baryte, dans l'eau, il se dépose des flocons cristallins qui augmentent à mesure que la liqueur se refroidit. Les différents produits dont nous venons de signaler la formation sont de véritables combinaisons du salycilate de méthylène avec l'alcali employé.

Si l'on ajoute à la dissolution du sel de potasse une dissolution de sels de plomb, de cuivre, de zinc, on obtient des combinaisons qui sont insolubles. Tous les composés précédents, traités par un acide, forment des sels correspondants, tandis que le salycilate de méthylène se trouve mis en liberté.

Si au lieu de faire réagir à froid la potasse sur le salycilate de méthylène, on fait intervenir la chaleur, les choses se passent autrement : l'eau intervenant dans la réaction se porte sur l'éther méthylique, pour régénérer de l'esprit-de-bois, en même temps qu'il se forme un salycilate alcalin.

Le salycilate de méthylène se comporte donc, à l'égard des bases alcalines et des oxydes métalliques, comme un véritable acide; aussi le désignerai-je sous le nom d'*acide gaulthérique* en raison de son origine.

Gaulthérates.

Les gaulthérates de potasse et de soude se dissolvent en forte proportion dans l'eau ; celui de strontiane est moyennement soluble dans ce liquide; les gaulthérates de baryte, de cuivre et de plomb sont insolubles. Un acide minéral ajouté à ces composés met l'acide gaulthérique en liberté en formant de nouveaux sels. Soumis à la distillation sèche, ils se décomposent en donnant naissance à des produits analogues à ceux que fournissent les acides organiques volatils.

Gaulthérate de potasse.

Ce composé s'obtient en agitant une dissolution de potasse pure à 45 degrés, bien débarrassée de carbonate et étendue de son volume d'eau avec un léger excès d'huile de *Gaultheria.* Il se précipite sous la forme d'écailles nacrées douées de beaucoup d'éclat. Cette matière est ensuite jetée sur un filtre, lavée rapidement avec la plus faible quantité d'eau froide possible, et comprimée entre des doubles de papier buvard. Ces cristaux sont enfin repris par de l'alcool absolu qui les dissout et laisse de côté la petite quantité de carbonate de potasse qui pourrait les souiller. La dissolution alcoolique, évaporée dans le vide, laisse déposer le sel de potasse sous la forme d'aiguilles blanches, d'une finesse extrême, accolées les unes aux autres, et présentant l'aspect de l'amiante. Ce sel se dissout en grande quantité dans l'eau; l'addition d'un acide forme un sel de potasse en régénérant de l'acide gaulthérique.

Chauffé encore humide, ce sel fond, laisse dégager de l'esprit-de-bois, et se transforme en salycilate de potasse.

Soumis à l'analyse, ce composé m'a fourni les résultats suivants :

I. 0gr,396 d'un premier échantillon m'ont donné, par la calcination, 0,182 de sulfate neutre de potasse, ce qui correspond à 0,098 de potasse.

D'où l'on déduit, pour le poids de la matière organique,

$$x = 1794.$$

II. 0gr,469 d'un second échantillon m'ont donné, par la calcination, 0,218 de sulfate neutre de potasse, ce qui représente 0,118 de potasse.

D'où l'on déduit, pour le poids de la matière organique combinée à la potasse,

$$x = 1755.$$

Cet échantillon renfermait une petite quantité de salycilate de potasse qui s'était formée pendant la dessiccation, ainsi que je m'en suis assuré; c'est ce qui diminue ici le nombre qui représente le poids de la matière organique.

III. 0gr,792 de ce même échantillon mêlés avec un excès d'oxyde d'antimoine et séchés à 1,35 dans le vide m'ont donné, par la combustion avec l'oxyde de cuivre, 0,270 d'eau et 1,425 d'acide carbonique.

Ce qui donne pour 100 parties :

Carbone	65,53
Hydrogène.	5,05
Oxygène.	28,69
	100,00

Ces nombres s'accordent assez bien avec la formule

$$\begin{matrix}C^{32}H^{14}O^{6} \\ K\end{matrix} + \tfrac{1}{2} H^{2}O.$$

En effet, on a

C^{32}.	1200,00	65,10
H^{15}.	93,75	5,10
$O^{5\frac{1}{2}}$.	550,00	29,80
	1843,75	100,00

IV. 1gr,326 d'un autre échantillon m'ont donné 0,607 de sulfate de potasse, ce qui représente 0,328 de potasse.

D'où

Poids de la matière organique = 1795.

V. 0gr,868 de la même matière chauffée à 120 degrés m'ont donné 0,340 d'eau et 1,523 d'acide carbonique.

D'où l'on déduit, pour la composition en centièmes,

Carbone.	63,35
Hydrogène.	5,70
Oxygène.	30,95
	100,00

Il m a été impossible d'obtenir ce sel anhydre. La quantité de potasse obtenue est toujours trop forte, ce qui tient à la très-difficile séparation de cet alcali du gaulthérate formé.

Gaulthérate de soude.

En remplaçant la dissolution aqueuse de potasse par une dissolution de soude, on obtient un composé semblable au précédent, mais qui se dissout en moindre porportion dans l'eau. Il se comporte absolument de la même manière que le sel de potasse.

Gaulthérate de baryte.

Ce composé se prépare en versant de l'huile de *Gaultheria* goutte à goutte dans une dissolution aqueuse de baryte tant qu'il se forme un précipité. Si la dissolution de baryte est chaude, le sel ne se précipite pas totalement, une très-faible portion se dépose, par le refroidissement, sous la forme d'écailles cristallines d'un beau blanc. Ces cristaux sont jetés sur un filtre, lavés avec de l'eau distillée, puis avec de l'alcool, enfin séchés dans le vide sec.

Soumis à la distillation sèche, ce composé se détruit en se transformant entièrement en carbonate de baryte et en anisole. Soumis à l'analyse, il m'a donné les résultats suivants :

I. 1gr,012 d'un premier échantillon m'ont donné 0,531 de sulfate de baryte, ce qui représente 0,348 de baryte.

D'où l'on déduit

$$x = 1825.$$

II. 0gr,027 du même échantillon m'ont donné 0,540 de sulfate de baryte, ce qui représente 0,354 de baryte.

D'où l'on déduit

$$x = 1820.$$

III. 1gr,346 de la même matière qui représentent 0,882 de matière organique m'ont donné 0,418 d'eau et 2,072 d'acide carbonique.

Ce qui donne, en centièmes,

Carbone	64,06
Hydrogène.	5,24
Oxygène.	30,70
	100,00

IV. 0gr,639 d'un autre échantillon m'ont donné 0,332 de sulfate de baryte, ce qui représente 0,217 de baryte.

D'où l'on déduit

$$x = 1860.$$

V. 1gr,046 de ce même sel qui représentent 0,690 de matière organique m'ont donné 0,331 d'eau et 1,615 d'acide carbonique.

Ce qui donne, en centièmes,

Carbone	63,32
Hydrogène.	5,87
Oxygène.	30,70
	100,00

ce qui correspond à la formule

$$C^{32}\underset{Ba}{H^{11}}O^{6} + H^{2}O.$$

La dissolution de gaulthérate de potasse forme des précipités dans les sels de plomb, de cuivre et de mercure.

J'ai dit précédemment que les alcalis hydratés sous l'influence de la chaleur décomposaient l'huile de *Gaultheria* pesante en acide salycilique et en esprit-de-bois; cette réaction est entièrement conforme à ce qui se passe toutes les fois qu'un éther composé se trouve placé dans les mêmes circonstances.

Le produit acide, séparé du sel de potasse ou de soude par un acide minéral, étant lavé à l'eau froide, afin d'éloigner l'excès d'acide et le sel alcalin formé, se dissout facilement dans l'alcool, surtout à chaud, et se dépose de ce liquide par une évaporation lente, sous forme de cristaux assez volumineux, doués de beaucoup d'éclat et d'une grande netteté.

ACIDE SALYCILIQUE.

Cet acide s'éloignant par sa composition de la plupart des acides volatils connus, dont la molécule ne renferme que 4 atomes d'oxygène, j'ai pensé qu'il devait dès lors offrir quelques particularités dignes d'intérêt, en le plaçant dans les mêmes circonstances que les autres acides. Tel est le plan que je me suis tracé dans les recherches dont je vais exposer les principaux résultats.

L'acide salycilique, suivant qu'il se dépose d'une dissolution aqueuse ou alcoolique, offre un aspect différent, mais possède dans les deux cas la même composition.

L'eau le dissout en faible proportion à la température ordinaire, elle en dissout beaucoup plus à la température de l'ébullition, et l'abandonne par le refroidissement sous la forme d'aiguilles longues et déliées, présentant de la ressemblance avec l'acide benzoïque.

L'alcool le dissout en plus forte proportion que l'eau; la dissolution, abandonnée à l'évaporation spontanée, donne des cristaux assez volumineux et d'une grande netteté; ce sont des prismes obliques à quatre pans. L'esprit-de-bois le dissout assez bien, surtout à chaud.

L'éther dissout l'acide salycilique en assez forte proportion à la température ordinaire, il en prend davantage à chaud; par évaporation spontanée, il le laisse déposer sous forme de cristaux d'un grand volume et d'une régularité parfaite. Si l'on opère sur 50 à 60 grammes d'acide, et surtout si l'on a soin de placer la dissolution dans un vase profond, dont l'ouverture doit être recouverte d'un papier percé de trous, afin que l'évaporation se fasse d'une manière très-lente, on obtient des cristaux de 3 à 4 centimètres de long et de 4 à 6 millimètres de large. C'est certes l'un des plus beaux acides organiques que l'on connaisse.

L'essence de térébenthine en dissout à peine à froid; à la température de son ébullition, elle en dissout environ le cinquième de son poids, et se prend en masse par le refroidissement.

L'acide salycilique fond à 158 degrés. A une température supérieure, il se réduit en vapeur, celle-ci se condense sur les parties froides du vase distillatoire sous la forme d'aiguilles minces, douées de beaucoup d'éclat. Si l'acide est bien pur, la température ménagée, et la distillation conduite avec lenteur, la majeure partie de l'acide distille sans éprouver d'altération.

Si l'acide est impur et la distillation rapidement conduite, il est en grande partie décomposé; on voit alors se condenser dans le récipient une huile presque incolore, soluble dans la potasse, donnant avec le chlore et le brome des acides chlorophénisique et bromophénisique, se transformant en acide picrique par l'action prolongée de l'acide nitrique, présentant en un mot tous les caractères de l'hydrate de phényle de M. Laurent, dont elle possède exactement la composition.

L'acide salycilique forme avec la potasse, la soude, la baryte, la strontiane, la chaux, la magnésie, l'oxyde de zinc, des sels solubles et cristallisables.

Avec les oxydes de plomb, de cuivre et d'argent, il forme des sels peu solubles à froid; celui de plomb se dissout facilement à la température de l'ébullition, et se dépose par le refroidissement sous la forme d'aiguilles douées de beaucoup d'éclat.

Une dissolution d'acide salycilique, exposée au contact de l'air, n'éprouve aucune altération.

Chauffé avec de l'acide sulfurique étendu et du peroxyde de manganèse, il donne naissance à de l'acide formique.

Le chlore et le brome réagissent sur cet acide et donnent naissance à de nouveaux produits dérivés par la substitution de 1, 2, 3 équivalents de chlore ou de brome, à un nombre égal d'équivalents d'hydrogène.

Si l'on fait arriver sur de l'acide salycilique bien sec, réduit en poudre, des vapeurs d'acide sulfurique anhydre, il se réduit en une masse gommeuse que l'eau froide dissout facilement; il se produit dans cette circonstance un acide sulfosalycilique qui forme, avec la plupart des bases, des sels solubles.

L'acide nitrique fumant transforme à froid l'acide salycilique en acide indigotique. En élevant la température et prolongeant l'action, l'acide indigotique donne à son tour naissance à de l'acide carbazotique.

Si l'on porte un mélange d'acide chlorhydrique et d'acide salycilique à une température d'environ 60 à 70 degrés, puis qu'on projette peu à peu dans le liquide du chlorate de potasse en cristaux, il s'établit une réaction très-vive; la matière s'échauffe considérablement, et bientôt il se dépose au fond du ballon une huile rougeâtre contenant une quantité très-notable de *chloranile* qu'on peut extraire au moyen de l'alcool.

Les salycilates alcalins prennent, sous l'influence simultanée de l'air et de l'eau, une couleur brune foncée; il se produit dans cette circonstance, aux dépens de l'acide salycilique, une matière brune qui se combine à l'alcali et colore la dissolution.

Les salycilates alcalins donnent, à la distillation sèche, de l'hydrate de phényle pur, fait que M. Gerhardt avait reconnu avant moi.

Les différents salycilates renfermant un ou plusieurs équivalents d'eau qu'ils ne perdent qu'avec peine à une température élevée, j'avais pensé, d'après cela, que l'acide salycilique pourrait constituer différents hydrates; en conséquence, j'ai décomposé par l'acide chlorhydrique une dissolution étendue de salycilate de potasse. L'acide s'est déposé sous forme de flocons cristallins qui possèdent exactement la composition de l'acide salycilique obtenu, soit par cristallisation dans l'alcool, soit par sublimation, ainsi qu'on peut le voir par les analyses suivantes :

I. $0^{gr},560$ d'acide salycilique obtenu par cristallisation dans l'alcool m'ont donné 0,223 d'eau et 1,248 d'acide carbonique.

II. $0^{gr},486$ d'acide salycilique sublimé m'ont donné 0,191 d'eau et 1,084 d'acide carbonique.

III. $0^{gr},418$ d'acide salycilique obtenu en précipitant une dissolution étendue de salycilate de potasse par l'acide chlorhydrique, m'ont donné 0,165 d'eau et 0,927 d'acide carbonique.

Ces résultats, traduits en centièmes, donnent :

	I.	II.	III.		Théorie.
Carbone. . . .	60,76	60,83	60,48	C^{28}. . .	60,86
Hydrogène. . .	4,41	4,37	4,38	H^{12}. . .	4,35
Oxygène. . . .	34,83	34,81	35,14	O^{6}. . .	34,79
	100,00	100,00	100,00		100,00

SALYCILATES.

Le *salycilate de potasse* s'obtient à l'état de pureté en saturant l'acide salycilique au moyen d'une dissolution concentrée de carbonate de potasse, évaporant à siccité, et reprenant le résidu par l'alcool concentré et bouillant qui ne dissout que le salycilate de potasse, et l'abandonne en partie par le refroidissement, puis par l'évaporation. Si l'on comprime ce sel entre des doubles de papier buvard, puis, qu'après l'avoir dissous dans l'eau, on fasse cristalliser la dissolution dans le vide, on obtient un produit qui se présente sous la forme d'aiguilles incolores, soyeuses et douées de beaucoup d'éclat.

Sec, il se conserve très-bien au contact de l'air ou de l'oxygène secs; humide ou dissous, il prend une teinte brune qui devient bientôt complétement noire.

Soumis à la distillation sèche, il donne de l'hydrate de phényle et laisse du carbonate de potasse pour résidu.

Le salycilate cristallisé m'a donné les résultats suivants :

I. $0^{gr},744$ de matière m'ont donné 0,350 de sulfate de potasse, ce qui représente 0,189 de potasse, soit 25,4 pour 100.

D'où l'on déduit pour le poids de la matière organique combinée à 1 équivalent de potasse le nombre 1732,5, qui correspond à $C^{28}H^{10}O^5 + H^2O$.

Le sel de potasse, cristallisé et séché à froid dans le vide, retient donc 1 molécule d'eau.

II. $0^{gr},573$ de ce même sel mêlés avec un grand excès d'acide antimonieux m'ont donné, par la combustion avec l'oxyde de cuivre, 0,171 d'eau et 0,948 d'acide carbonique.

Ces résultats, traduits en centièmes, donnent :

	I.	II.		
Carbone	45,12	»	C^{28}. . .	45,4
Hydrogène. . .	3,32	»	H^{12}. . .	3,2
Oxygène	»	»	O^6. . .	26,0
Potasse.	»	25,4	KO. . .	25,4
				100,0

III. $0^{gr},832$ de salycilate de potasse cristallisé, chauffés à 175 degrés, ont éprouvé une perte représentée par 0,042, soit 5,05 pour 100.

Le calcul donnait 4,87 pour 100, en admettant que, dans ces circonstances, le sel perdît 1 molécule d'eau.

En effet, on a

1 molécule d'acide sec. . .	1612,5	69,65
1 molécule de potasse . . .	589,9	25,48
1 molécule d'eau..	112,5	4,87
	2314,9	100,00

Le *salycilate de baryte* s'obtient en faisant bouillir l'acide salycilique avec de l'eau et du carbonate de baryte artificiel ; l'acide carbonique est expulsé, et le salycilate de baryte formé demeure en dissolution dans l'eau ; en filtrant la liqueur bouillante et l'évaporant dans le vide sec, le salycilate de baryte se dépose sous la forme d'aiguilles courtes et soyeuses, qui se groupent ordinairement autour d'un centre commun. Au moyen d'une nouvelle cristallisation, on obtient un produit entièrement incolore et très-pur.

Le salycilate de baryte, séché par exposition à l'air libre, ne perd pas d'eau à 100 degrés dans le vide ; vers 150 degrés, il perd la moitié de l'eau qu'il renferme, et se déshydrate complétement entre 212 et 215 degrés.

I. 0gr,568 de salycilate de baryte cristallisé séché à l'air libre ont donné 0,399 de sulfate de baryte, ce qui correspond à 0,202 de baryte, ou 35,56 pour 100.

II. 1gr,148 du même sel séché à 150 degrés dans le vide sec m'ont donné 0,640 de sulfate de baryte, soit 0,419 de baryte, ou 36,49 pour 100.

De la première expérience on tire pour le poids de l'acide salycilique, combiné avec 1 équivalent de baryte, le nombre 1732, qui correspond à

C^{28}.	1050,0
H^{10}.	62,5
O^{5}.	500,0
	1612,5
$H^{2}O$.	112,5
	1725,0

De la seconde on conclut, pour le poids de l'acide combiné, le nombre 1664, qui correspond à

C^{28}.	1050,0
H^{10}.	62,5
O^{5}	500,0
	1612,5
	56,2
	1668,7

$1^{gr},208$ de ce dernier sel maintenu entre 210 et 215 degrés, jusqu'à ce qu'il ne perdît plus rien, ont présenté une différence de poids de $0^{gr},040$, ce qui correspond à 3,39 pour 100, ou $\frac{1}{2}$ équivalent d'eau.

Le salycilate de baryte soumis à la distillation se décompose à une température assez élevée, en laissant dégager de l'hydrate de phényle qui cristallise immédiatement; il reste dans la cornue un mélange de carbonate de baryte et de charbon.

Le salycilate de baryte retient donc, comme on le voit, avec beaucoup de force, de l'eau qui semble jouer ici le rôle d'eau basique.

On a donc

$C^{28}H^{10}O^{5}$, BaO + HO pour le sel séché à la température ordinaire;
$C^{28}H^{10}O^{5}$, BaO + $\frac{1}{2}$HO pour le sel séché à 150 degrés;
$C^{28}H^{10}O^{5}$, BaO pour le sel séché à 215 degrés.

Le *salycilate de chaux* se prépare de la même manière que le salycilate de baryte; il suffit de remplacer le carbonate de cette base par le carbonate de chaux.

Le salycilate de chaux est assez soluble dans l'eau, il possède une saveur amère et piquante. Sa dissolution, évaporée dans le vide, fournit des octaèdres d'une grande beauté, qui sont toujours très-nets et présentent quelquefois un volume très-considérable.

Ce sel, séché par exposition à l'air sec, ne perd pas d'eau à la température de 130 degrés.

I. $1^{gr},224$ de salycilate de chaux desséché par exposition à l'air sec m'ont donné 0,479 de sulfate de chaux, ce qui correspond à 0,198 de chaux, soit 16,17 pour 100.

On tire de là, pour le poids de l'acide salycilique à 1 équivalent de chaux, le nombre 1845, qui correspond à

C^{28}.	1050,0
H^{10}.	62,5
O^{5}.	500,0
	1612,5
$2H^{2}O$.	225,0
	1837,5

II. $0^{gr},465$ de ce même sel brûlé avec de l'oxyde de cuivre dans un courant de gaz oxygène, m'ont donné 0,169 d'eau et 0,813 d'acide carbonique.

D'où l'on conclut, pour la composition en centièmes,

	Théorie.		Expérience.
Carbone	47,67	C^{28}.	48,0
Hydrogène.	4,03	H^{11}. . . .	4,0
Oxygène.	32,13	O^{7}.	32,0
Chaux.	16,17	CaO. . . .	16,0
	100,00		100,0

III. $0^{gr},955$ de ce sel séché à 135 degrés m'ont donné 0,376 de sulfate de chaux, soit 0,156 de chaux, ou 16,3 pour 100.

On voit donc qu'à cette température ce sel ne perd pas d'eau. Le salyçilate de chaux fournit à la distillation de l'eau, de l'hydrate de phényle, et laisse un résidu de carbonate de chaux mêlé de charbon.

Le *salycilate de magnésie* s'obtient en faisant bouillir un mélange d'acide salycilique, d'eau et de magnésie caustique ou carbonatée; ce sel est très-soluble et se dépose par évaporation dans le vide sous la forme d'aiguilles groupées autour d'un centre commun. Les cristaux s'accolent quelquefois, et forment une masse cohérente et très-dure. Ce sel se dissout facilement dans l'eau à la température ordinaire, et en proportion plus considérable à la température de l'ébullition.

Le *salycilate d'ammoniaque* s'obtient en saturant l'acide salycilique par l'ammoniaque caustique, et faisant bouillir le mélange. La liqueur chaude étant suffisamment concentrée, laisse déposer par le refroidissement le sel ammoniacal sous forme d'écailles cristallines. Une dissolution plus étendue, abandonnée à l'évaporation spontanée, donne des aiguilles qui ont l'aspect satiné.

Les cristaux comprimés entre des doubles de papier buvard, jusqu'à ce que celui-ci cesse d'être mouillé, puis exposés pendant quelque temps à l'air sec, donnent à l'analyse les résultats suivants :

I. $0^{gr},466$ de matière ont donné 0,255 d'eau et 0,924 d'acide carbonique.

II. $0^{gr},801$ du même produit ont donné 60 centimètres cubes d'azote à la température de 10 degrés et sous la pression de $0^{m},767$.

III. $0^{gr},439$ d'un autre échantillon ont donné 0,236 d'eau et 0,870 d'acide carbonique.

Ces résultats, traduits en centièmes, donnent :

	I.	II.	III.		Théorie.
Carbone. . . .	54,07	»	54,04	C^{28}. . .	54,18
Hydrogène. . .	6,07	»	5,98	H^{16}. . .	5,81
Azote	»	8,94	»	Az^2. . .	9,03
Oxygène. . . .	»	»	»	O^6. . .	30,98
					100,00

Le sel ammoniacal analysé est donc représenté par la formule

$$C^{28}H^{10}O^6Az^2H^6O = \frac{C^{28}H^{10}O^6}{(Az^2H^6)}.$$

Ce sel est très-soluble dans l'eau; soumis à la distillation sèche, il se décompose : il se produit, dans cette circonstance, de l'eau et de la salycilamide, dont la formation s'explique facilement. On a, en effet,

$$\frac{C^{28}H^{10}O^6}{(Az^2H^8)} = 2H^2O + \frac{C^{28}H^{10}O^4}{(Az^2H^4)}.$$

Le *salycilate de plomb* s'obtient en faisant bouillir l'acide salycilique avec de l'eau et du carbonate de plomb, filtrant la liqueur bouillante et l'abandonnant au refroidissement; le salycilate se dépose bientôt sous la forme d'aiguilles satinées très-brillantes.

Lorsqu'on verse une dissolution concentrée de salycilate de potasse ou d'ammoniaque dans une dissolution également concentrée d'acétate de plomb, il se forme un précipité blanc cristallin qui, lavé, puis repris par l'eau bouillante, se dissout, et donne, par le refroidissement, des cristaux d'une grande netteté. Ce sel contient de l'eau et présente une transparence parfaite; lorsqu'on le sèche dans le vide, à une température supérieure à 100 degrés, il perd de l'eau, et les cristaux deviennent d'un blanc mat et entièrement opaques.

Le sel cristallisé donne à l'analyse les résultats suivants :

I. $0^{gr},610$ de salycilate de plomb ont donné 0,370 de sulfate de plomb, ce qui représente 0,272 d'oxyde de plomb, soit 44,59 pour 100.

II. $0^{gr},355$ de ce sel ont donné par la combustion avec l'oxyde de cuivre 0,080 d'eau et 0,439 d'acide carbonique.

Ces résultats, étant traduits en centièmes, donnent :

	I.	II.	Théorie.		
Carbone.	»	33,72	C^{28}. . .	1050,0	33,66
Hydrogène. . . .	»	2,50	H^{12}. . .	75,0	2,43
Oxygène.	»	»	O^{6} . . .	600,0	19,23
Oxyde de plomb.	44,59	»	PbO. . .	1394,0	44,68
				3119,0	100,00

III. 1^{gr},120 de salycilate de plomb cristallisé ont perdu, par leur exposition dans le vide à une température comprise entre 140 et 150 degrés, 0,041, soit 3,65 pour 100, ce qui correspond à 1 molécule d'eau.

En effet, le calcul indique une perte de 3,61 pour 100.

Lorsqu'on verse du nitrate d'argent dans une dissolution aqueuse de salycilate d'ammoniaque, il se forme un précipité d'un blanc éclatant, qu'on purifie par quelques lavages à l'eau froide. Ce sel se dissout en petite quantité dans l'eau bouillante, et se dépose, par le refroidissement, sous forme de petites aiguilles transparentes et très-brillantes.

Soumis à l'analyse, ce composé m'a donné les résultats suivants :

I. 0^{gr},630 de salycilate d'argent m'ont donné 0,120 d'eau et 0,791 d'acide carbonique.

II. 0^{gr},500 du même produit m'ont donné 0,218 d'argent métallique, ce qui représente 0,234 d'oxyde d'argent.

On déduit de là, pour la composition en centièmes,

	I.	II.	Théorie.	
Carbone.	34,24	»	C^{28}. . . .	34,29
Hydrogène.	2,11	»	H^{10}. . . .	2,04
Oxygène.	»	»	O^{5}.	16,32
Oxyde d'argent. . .	»	46,80	AgO. . .	46,35

Ce sel est donc anhydre et représenté par la formule

$$\frac{C^{28}H^{10}O^{6}}{Ag}.$$

Action du brome sur l'acide salycilique.

Lorsqu'on verse du brome goutte à goutte sur l'acide salycilique réduit en poudre fine, la masse s'échauffe d'une manière notable, et l'on observe un dégagement d'acide brombydrique mêlé de vapeurs de brome. Si l'on broie la matière après chaque addition de brome, afin que le contact entre les produits réagissants soit bien intime, et qu'on arrête l'action avant que tout l'acide salycilique ait été attaqué, on obtient une substance à peine jaunâtre : celle-ci renferme un acide bromé mêlé à une petite quantité d'acide salycilique, dont on peut le débarrasser en lavant le mélange à plusieurs reprises avec de l'alcool froid employé chaque fois en faible proportion. Le résidu repris par l'alcool bouillant se dissout entièrement, et la liqueur, abandonnée à l'évaporation spontanée, laisse déposer l'acide bromé sous forme de petits prismes durs et brillants. Cet acide dérive de l'acide salycilique par la substitution de 1 équivalent de brome à 1 équivalent d'hydrogène. Je le désignerai sous le nom d'*acide monobromosalycilique*. M. Gerhardt, dans son Mémoire sur l'acide salycilique, en avait déjà reconnu la formation.

Si, au lieu d'opérer ainsi que je viens de le rapporter, on ajoute à l'acide salycilique un excès de brome jusqu'à ce qu'il ne se manifeste plus aucune réaction, et qu'on laisse quelques heures les deux corps en contact, on obtient un produit unique qu'on purifie à l'aide de lavages à l'eau qui enlèvent l'excès de brome, puis au moyen de plusieurs cristallisations dans l'alcool. Cette nouvelle matière, qui présente une assez grande stabilité, renferme en équivalents une quantité de brome double de la précédente.

Si l'on réduit cette matière en poudre fine, qu'on la place dans un flacon avec un grand excès de brome, puis qu'on expose ce mélange à l'action des rayons solaires, elle perd peu à peu de l'hydrogène et gagne une quantité proportionnelle de brome. Après un contact de vingt-cinq à trente jours sous l'influence d'une insolation assez forte, j'arrêtai l'action, j'enlevai l'excès de brome au moyen de l'eau, puis je purifiai la matière débarrassée du brome excédant à l'aide de plusieurs cristallisations dans l'alcool. Il se sépara de petits prismes jaunâtres très-friables, qui présentent sensiblement la composition d'un acide tribromosalycilique.

ACIDE MONOBROMOSALYCILIQUE.

J'ai dit plus haut dans quelles circonstances cet acide prend naissance, et par quels moyens on peut le purifier.

Ainsi préparé, cet acide se présente sous la forme de prismes incolores très-brillants, qui présentent quelque ressemblance avec l'acide salycilique. Il est très-peu soluble dans l'eau, même bouillante; l'alcool le dissout assez bien, surtout à chaud : il en est de même de l'éther. Cet acide fond à une température peu élevée. Soumis à la distillation, il s'altère. Si on le broie avec du sable fin, auquel on ajoute une petite quantité de baryte caustique, et qu'on chauffe ce mélange dans un vase distillatoire, il se dégage une vapeur épaisse qui se condense dans le récipient en un liquide rougeâtre, qui devient complétement incolore lorsqu'on le distille de nouveau sur un mélange de sable et de baryte. Dans cette réaction, 4 molécules de carbone s'unissent à 4 molécules d'oxygène pour former de l'acide carbonique qui devient libre, et le produit huileux présente une composition telle, comme nous le verrons plus bas, qu'on peut le considérer comme de l'hydrate de phényle dans lequel 1 équivalent d'hydrogène aurait été remplacé par 1 équivalent de brome.

L'acide monobromosalycilique forme, avec la potasse, la soude et l'ammoniaque, des sels cristallisables qui sont moins solubles que les salycilates correspondants. Il donne, avec les sels de peroxyde de fer, cette couleur violette caractéristique que produit l'acide salycilique.

L'acide monobromosalycilique donne à l'analyse les résultats suivants :

I. $0^{gr},468$ de matière m'ont donné 0,109 d'eau et 0,683 d'acide carbonique.

II. $0^{gr},522$ du même produit ont donné 0,126 d'eau et 0,762 d'acide carbonique.

III. $0^{gr},966$ de matière m'ont donné 0,836 de bromure d'argent, ce qui représente 0,368 de brome.

Ces résultats, traduits en centièmes, donnent :

	I.	II.	III.		Théorie.
Carbone. . .	39,75	39,80	»	C^{28}. . .	39,08
Hydrogène. .	2,58	2,66	»	H^{10}. . .	2,72
Brome. . . .	»	»	36,02	Br^{2}. . .	36,28
Oxygène. . .	»	»	»	O^{6}. . .	22,32
					100,00

Ces analyses présentent un excès de carbone et d'hydrogène, ce qui tient à la difficulté qu'on éprouve à séparer complétement tout l'acide salycilique non attaqué.

Le produit huileux obtenu par la distillation de cet acide sur le mélange de sable et de baryte fournit à l'analyse les résultats suivants :

I. 0^{gr},430 de matière m'ont donné 0,139 d'eau et 0,683 d'acide carbonique.

II. 0^{gr},622 de matière m'ont donné 0,667 de bromure d'argent, ce qui représente 0,279 de brome.

Ces nombres, ramenés en centièmes, donnent :

	I.	II.		Théorie.
Carbone.	43,30	»	C^{24}. . . .	42,12
Hydrogène. . . .	3,57	»	H^{10}. . . .	2,93
Brome.	»	44,85	Br^{2}. . . .	45,61
Oxygène.	»	»	O^{2}. . . .	9,36
				100,00

Ici, comme précédemment, on observe un excès très-notable de carbone et d'hydrogène, ce qui tient très-problablement à la présence d'une très-petite quantité d'hydrate de phényle provenant de la décomposition que subit l'acide salycilique dans cette circonstance.

La production de ce dernier composé, que je désignerai sous le nom d'*acide bromophénasique,* peut s'expliquer d'une manière très-simple. En effet, on a :

$$\begin{matrix} C^{28}H^{10}O^{6} \\ Br^{2} \end{matrix} - 2(C^{2}O^{2}) = \begin{matrix} C^{24}H^{10}O^{2} \\ Br^{2} \end{matrix}.$$

L'acide monobromosalycilique, appartenant au même type que l'acide salycilique, éprouve une décomposition analogue à celle que présente ce dernier lorsqu'il est soumis aux mêmes influences destructives, et doit nécessairement fournir un produit du même type que l'hydrate de phényle.

ACIDE BIBROMOSALYCILIQUE.

Nous avons vu que cet acide se produit avec facilité lorsqu'on fait agir sur l'acide salycilique un excès de brome. Il faut avoir soin, dans sa préparation, de broyer la matière avec soin avant chaque nouvelle addition de brome, afin que l'attaque soit complète. Dès que la réaction est terminée, il faut jeter la matière réduite en poudre fine sur un filtre, puis la laver à grande eau. On la fait ensuite bouillir avec de l'ammoniaque jusqu'à dissolution complète. Par le refroidissement, le sel ammoniacal se dépose sous la forme d'aiguilles minces et brillantes. Les cristaux étant redissous dans l'eau, si l'on ajoute à la dissolution de l'acide chlorhydrique, il se forme un dépôt blanc, qui bien lavé est repris par l'alcool bouillant. La liqueur alcoolique, étant abandonnée à l'évaporation, laisse déposer l'acide bibromosalycilique sous forme de cristaux qui présentent la forme de prismes raccourcis.

A l'état de pureté, cet acide est incolore ou d'un jaune très-légèrement rosé; il est à peine soluble dans l'eau, assez soluble dans l'alcool, plus soluble encore dans l'éther.

Il fond à la température de 150 degrés environ. Les sels qu'il forme avec la potasse, la soude et l'ammoniaque sont encore moins solubles que ceux de l'acide monobrosalycilique.

Distillé à deux ou trois reprises sur du sable mêlé d'une petite quantité de baryte, il éprouve une décomposition complète et donne une matière huileuse qui cristallise par le froid.

L'acide sulfurique le dissout à l'aide d'une douce chaleur, l'eau le précipite de cette dissolution.

L'acide azotique à 36 degrés le dissout facilement à l'aide de l'ébullition, il se dégage des vapeurs rutilantes mêlées de brome; il se dépose par le refroidissement une matière jaune cristallisée qui présente les caractères de l'acide picrique.

Soumis à l'analyse, ce composé m'a donné les résultats suivants :

I. $0^{gr},434$ de matière ont donné 0,070 d'eau et 0,464 d'acide carbonique.

II. $0^{gr},529$ de matière ont donné 0,077 d'eau et 0,562 d'acide carbonique.

III. $0^{gr},446$ de matière ont donné 0,563 de bromure d'argent, ce qui représente 0,236 de brome.

IV. $0^{gr},508$ d'un second échantillon préparé avec beaucoup de soin et purifié par plusieurs cristallisations dans l'alcool, ont donné 0,072 d'eau et 0,527 d'acide carbonique.

V. $0^{gr},500$ du même produit ont donné 0,639 de bromure d'argent, ce qui représente 0,268 de brome.

VI. $0^{gr},442$ du même produit ont donné 0,060 d'eau et 0,460 d'acide carbonique.

Ces résultats, traduits en centièmes, donnent :

	I.	II.	III.	IV.	V.	VI.		Théorie.
Carbone. . .	29,15	28,96	»	28,25	»	28,29	C^{28}. .	28,4
Hydrogène. .	1,78	1,62	»	1,56	»	1,51	H^{8}. .	1,4
Brome. . . .	»	»	52,89	»	53,5	»	Br^{4}. .	53,4
Oxygène. . .	»	»	»	»	»	»	O^{6}. .	16,8
								100,0

Cet acide dérive donc, comme on le voit, de l'acide salycilique par la substitution de 2 équivalents de brome à 2 équivalents d'hydrogène.

ACIDE TRIBROMOSALYCILIQUE.

Nous avons vu que l'acide précédent, par un contact prolongé avec le brome, perd, sous l'influence de la lumière solaire, un troisième équivalent d'hydrogène qu'il échange contre 1 équivalent de brome. On arrive difficilement à se procurer un produit d'une pureté parfaite.

L'acide bibromosalycilique est très-stable; ce composé se forme de préférence à tout autre lorsqu'on fait agir le brome sur l'acide salycilique et ses dérivés; néanmoins, en exposant cet acide à l'action simultanée du brome et d'une vive insolation pendant un espace de vingt-cinq à trente jours, j'ai réussi à produire un composé qui présente une composition et des réactions telles, qu'on doit le considérer comme l'acide tribromosalycilique. Quand, au bout du temps indiqué, on arrête la réaction, puis qu'on lave le produit brut à plusieurs reprises avec de l'eau distillée, afin d'enlever l'excès de brome, on obtient une substance jaunâtre qu'on peut purifier en la faisant cristalliser deux ou trois fois dans l'alcool à 0,80.

L'acide, ainsi purifié, se présente sous la forme de petits prismes jaunâtres, très-durs, faciles à réduire en poudre. Il est insoluble dans l'eau, assez soluble dans l'alcool, très-soluble dans l'éther. Il forme, avec la potasse, la soude et l'ammoniaque, des sels cristallisables et peu solubles à froid. La dissolution du sel ammoniacal donne, avec les sels d'argent, un précipité orangé foncé, et avec les sels de plomb, un précipité jaune.

L'acide sulfurique concentré le dissout à l'aide d'une douce chaleur. L'acide azotique l'attaque à l'aide de l'ébullition, il se dégage un mélange de brome et de vapeurs rutilantes, et l'on obtient une matière jaune cristallisée.

Distillé à deux ou trois reprises avec du sable mêlé d'une petite quantité de baryte caustique, il se décompose entièrement; de l'acide bromhydrique devient libre, et il se condense un produit solide souillé par une matière huileuse; le produit solide possède la composition et les propriétés de l'acide bromophénisique.

L'acide tribromosalycilique donne à l'analyse les résultats suivants:

I. $0^{gr},468$ d'un premier échantillon ont donné 0,052 d'eau et 0,412 d'acide carbonique.

II. $0^{gr},672$ du même produit ont donné 1,017 de bromure d'argent, ce qui représente 0,427 de brome.

III. $0^{gr},565$ d'un second échantillon ont donné 0,062 d'eau et 0,498 d'acide carbonique.

IV. $0^{gr},399$ du même produit ont donné 0,613 de bromure d'argent, ce qui représente 0,255 de brome.

On tire de là, pour la composition en centièmes,

	I.	II.	III.	IV.		Théorie.
Carbone. . . .	24,00	»	24,09	»	C^{28}. . .	22,9
Hydrogène. . .	1,23	»	1,24	»	H^6. . .	0,8
Brome.	»	63,54	»	63,91	Br^6. . .	63,7
Oxygène. . . .	»	»	»	»	O^6. . .	12,6
						100,0

Ici nous retrouvons encore un excès de carbone et d'hydrogène, ce qui tient à l'impossibilité de séparer de l'acide tribromé la petite quantité d'acide bibromé qui l'accompagne. Nous avons dit plus haut que cet acide, distillé à plusieurs reprises avec du sable, donnait, entre autres produits, de l'acide bromophénisique; les analyses suivantes ne laissent aucun doute à cet égard.

I. 0^{gr},562 de matière m'ont donné 0,061 d'eau et 0,468 d'acide carbonique.

II. 0^{gr},542 du même produit ont donné 0,926 de bromure d'argent, ce qui représente 0,388 de brome.

On tire de là, pour la composition en centièmes,

	I.	II.		Théorie.
Carbone. . . .	22,65	»	C^{24}. . . .	22,15
Hydrogène. . .	1,19	»	H^6. . . .	0,92
Brome.	»	71,60	Br^6. . . .	72,00
Oxygène. . . .	»	»	O^2. . . .	4,93
				100,00

De plus, il donne avec les sels d'argent et de cuivre, les réactions caractéristiques que lui assigne M. Laurent dans son beau Mémoire sur l'hydrate de phényle.

Action du chlore sur l'acide salycilique.

Le chlore se comporte avec l'acide salycilique de la même manière que le brome. Si l'acide salycilique est en excès, on obtient de l'acide monochlorosalycilique qu'on a de la peine à séparer entièrement d'une petite quantité d'acide salycilique; si le chlore est en excès, au contraire, on obtient de l'acide bichlorosalycilique qui, de même que l'acide bibromosalycilique, possède une assez grande stabilité, et qu'on peut, par cette raison, obtenir à l'état de pureté. Je n'ai pas cherché à produire l'acide trichlorosalycilique; l'existence de l'acide bromé correspondant semble bien indiquer, en effet, que, par un contact suffisamment long avec le chlore, sous l'influence des rayons solaires, l'acide trichloré prendrait naissance.

L'acide salycilique $C^{28}H^{12}O^{6}$ perd, comme on le voit, avec une extrême facilité, 2 molécules d'hydrogène qu'il échange contre du chlore ou du brome; à partir de ce terme, il présente une résistance assez grande à l'action des corps déshydrogénants, qu'on ne peut parvenir à vaincre que par un contact prolongé, et en aidant en outre la réaction par la radiation solaire.

L'hydrogène semble donc exister à plusieurs états différents dans une substance organique donnée, et ce qui le prouve, c'est que tandis que celle-ci, sous l'influence de corps avides d'hydrogène, perd un certain nombre de molécules de cet élément, elle n'en perd une nouvelle quantité qu'avec une extrême difficulté.

On ne connaît jusqu'à présent aucune règle qui puisse indiquer à priori quel est, parmi les différents produits dérivés d'une substance par substitution, celui qui doit présenter le plus de stabilité, et se former, par conséquent, de préférence à tout autre; de plus, l'analogie ne saurait ici nous mettre sur la voie.

Ainsi l'hydrure de salycile, l'acide salycilique et l'hydrate de phényle sont trois composés qui dérivent l'un de l'autre d'une manière simple, le second par oxydation du premier, le troisième par la séparation de 2 molécules d'acide carbonique du second; tous trois renferment la même proportion d'hydrogène : eh bien, tandis que le chlore employé en excès n'enlève en un temps donné que 1 molécule d'hydrogène à l'hydrure de salycile, il en enlève, dans les mêmes circonstances, 2 à l'acide salycilique, et 3 à l'hydrate de phényle.

L'acide anisique nous offrira des résultats tout semblables; tandis qu'il ne perd que 1 équivalent d'hydrogène sous l'influence du chlore ou du brome, même après un contact prolongé, l'anisole qui en dérive, par la perte de 2 molécules d'acide carbonique, perd, au contraire, avec une extrême facilité, 2 équivalents d'hydrogène.

Ces faits, et beaucoup d'autres que je pourrais rapporter, montrent clairement que, pour les substances mêmes les plus voisines l'une de l'autre, celles qui appartiennent à une même famille, l'analogie ne saurait rien faire préjuger.

Action du brome sur le salycilate de méthylène.

Le brome, en réagissant sur le salycilate de méthylène, donne naissance à deux produits bien définis, dérivés par substitution, sur la préparation desquels je vais donner quelques détails.

Lorsqu'on verse du brome goutte à goutte sur du salycilate de méthylène pur et privé d'eau, il se développe beaucoup de chaleur, et du gaz brombydrique se dégage en abondance. Si lorsque, par le refroidissement, la matière s'est prise en masse, on la lave d'abord avec de l'alcool faible et froid pour enlever l'excès d'acide brombydrique, et qu'on la traite ensuite par l'alcool à 36 degrés bouillant, la liqueur laisse déposer, en se refroidissant, des lamelles cristallines douées de beaucoup d'éclat, qu'on peut en séparer au moyen du filtre. Si l'on évapore ensuite le liquide filtré à moitié environ de son volume et qu'on l'abandonne au repos, il se dépose une nouvelle quantité de cristaux; la liqueur claire décantée contient alors, à l'état de dissolution, un produit qu'on peut en obtenir à l'état cristallisé par l'évaporation, et que je désignerai sous le nom de *salycilate de méthylène monobromé*. .

Les cristaux précédents repris par la quantité d'alcool à 36 degrés, nécessaire pour les dissoudre, à la température de l'ébullition donnent, par le refroidissement, une substance cristallisée en prismes très-brillants qui fondent à une température plus élevée que les précédents; ce nouveau produit est le *salycilate de méthylène bibromé*.

Ce dernier, mis en présence d'un excès de brome et exposé à l'action directe de la lumière solaire, n'éprouve pas d'altération, ainsi que je m'en suis assuré, après un contact de quinze ou vingt jours à une époque où l'insolation était assez forte.

Salycilate de méthylène monobromé.

Ce composé, préparé par la méthode que nous avons indiquée plus haut, peut être purifié par deux ou trois cristallisations dans l'alcool, ou par la sublimation; en employant ce dernier moyen, on en perd toujours une certaine quantité.

A l'état de pureté, ce composé possède une odeur particulière aux produits de cette espèce; il est presque complétement insoluble dans l'eau, très-soluble au contraire dans l'alcool.

Lorsqu'on ajoute de l'eau à sa dissolution dans ce véhicule, elle devient laiteuse, mais ce n'est qu'au bout de quelque temps que ce corps se sépare sous la forme d'aiguilles fines et soyeuses. L'éther le dissout avec facilité.

Il fond à la température de 55 degrés. Traité par une dissolution froide et concentrée de potasse, il se dissout en produisant une combinaison analogue à celle que forme le salycilate lui-même.

Lorsqu'au lieu d'opérer à froid, on fait intervenir la chaleur, les choses se passent autrement; la matière se dissout d'abord comme précédemment, puis se décompose entièrement.

En reprenant la masse alcaline par l'eau, elle se dissout, et l'addition d'un acide détermine, dans cette liqueur, la formation d'un précipité qui m'a présenté une composition qui le rapproche de l'acide bromosalycilique.

Ainsi, la première action du brome se porterait sur l'acide salycilique.

Ce groupe d'éthers offre donc encore cette anomalie, que l'acide est attaqué de préférence à la base.

Soumis à l'analyse, le salycilate de méthylène monobromé m'a donné les résultats suivants :

I. 0gr,960 de matière ont donné 0,270 d'eau et 1,463 d'acide carbonique.

II. 0gr,648 de matière ont donné 0,192 d'eau et 0,997 d'acide carbonique.

III. 0gr,942 de matière ont donné 0,264 d'eau et 1,444 d'acide carbonique.

IV. 0gr,656 de matière ont donné 0,536 de bromure d'argent, ce qui représente 0,255 de brome.

Ces résultats, traduits en centièmes, donnent :

	I.	II.	III.	IV.
Carbone.	41,55	41,74	41,78	»
Hydrogène.	3,12	3,28	3,11	»
Brome.	»	»	»	34,30
Oxygène.	»	»	»	»

résultats qui s'accordent avec la formule

C^{32}.	1200,0	41,91
H^{14}.	87,5	3,05
Br^{2}.	978,0	34,06
O^{6}.	600,0	20,98
	2865,5	100,00

Le salycilate de méthylène monobromé, mis en contact avec une dissolution concentrée d'ammoniaque, finit par disparaître au bout d'un temps assez long. La dissolution, traitée par un acide minéral, laisse déposer des flocons blancs solubles dans l'alcool qui se séparent à l'état cristallin de ce dissolvant. Cette même dissolution, évaporée à sec, et soumise à la distillation, laisse d'abord dégager de l'ammoniaque, puis il passe bientôt un liquide qui se concrète en une masse cristallisée jaune de soufre, qui contient de l'azote et qui correspond à la salycilamide.

Salycilate de méthylène bibromé.

Lorsqu'on verse sur le produit précédent du brome par petites portions, on observe une élévation de température assez marquée et un dégagement de gaz bromhydrique abondant.

Si l'on ajoute un excès de brome, on obtient pour résultat de cette action, une substance cristallisée en prismes assez volumineux, si l'on opère sur une vingtaine de grammes de matière, et si la cristallisation s'effectue d'une manière lente.

Purifié à l'aide de plusieurs cristallisations dans l'alcool, ce produit se présente sous la forme de prismes incolores qui fondent à une température d'environ 145 degrés, et qui se volatilisent à une température un peu plus élevée. Ce composé est insoluble dans l'eau, plus soluble dans l'alcool et l'éther, surtout à chaud. Il se dissout à froid dans une dissolution concentrée de potasse ou de soude, en formant avec ces bases des combinaisons cristallisées; l'addition d'un acide à la liqueur précédente détermine la précipitation du composé bromé intact.

Si l'on fait usage d'une dissolution très-concentrée de potasse, et si, en outre, on fait intervenir la chaleur, le composé bromé disparaît entièrement, le liquide prend une teinte jaunâtre, et les acides, ajoutés à cette dissolution, déterminent la formation de flocons blancs qui ne présentent plus les caractères du salycilate bibromé.

Soumis à l'analyse, le salycilate bibromé m'a donné les résultats suivants :

I. 0gr,835 de matière m'ont donné 0,149 d'eau et 0,955 d'acide carbonique.

II. 0gr,621 de la même matière m'ont donné 0,765 de bromure d'argent, ce qui représente 0,321 de brome.

III. 0gr,687 d'un autre échantillon du même produit m'ont donné 0,131 d'eau et 0,790 d'acide carbonique.

IV. 0gr,951 du même échantillon m'ont donné 1,165 de bromure d'argent, ce qui représente 0,4892 de brome.

Ces résultats, traduits en centièmes, donnent :

	I.	II.	III.	IV.
Carbone. . . .	31,19	»	31,39	»
Hydrogène. . .	1,98	»	2,10	»
Brome.	»	51,44	»	51,43
Oxygène. . . .	»	»	»	»

ce qui conduit à la formule

C^{32}.	31,36
H^{12}.	1,96
Br^{4}.	50,98
O^{6}.	15,70
	100,00

Lorsqu'on place le produit précédent avec un grand excès de brome dans un flacon qu'on expose à l'action directe des rayons solaires, on n'observe aucune réaction, la température ne s'élève pas; après un contact prolongé de quinze à vingt jours, il ne s'était pas formé la plus petite quantité d'acide bromhydrique; une partie du produit bromé s'était dissoute dans l'excès de brome et se sépara par l'évaporation sous la forme de larges et belles tables, qui, purifiées par plusieurs cristallisations, possédaient le même point de fusion et la même composition que le salycilate bibromé, ainsi qu'on peut le voir par les deux analyses suivantes :

I. $0^{gr},655$ m'ont donné 0,111 d'eau et 0,747 d'acide carbonique.

II. $0^{gr},641$ m'ont donné 0,784 de bromure d'argent, ce qui représente 0,329 de brome.

Ces résultats, traduits en centièmes, donnent :

	I.	II.		Théorie.
Carbone	31,10	»	C^{32}. . .	31,36
Hydrogène. . .	2,03	»	H^{12}. . .	1,96
Brome.	»	51,32	Br^{4}. . .	50,98
Oxygène. . . .	»	»	O^{6}. . .	15,70
				100,00

et prouvent que la substance n'a évidemment subi aucune altération.

Action du chlore sur le salycilate de méthylène.

Le chlore se comporte avec ce composé absolument de la même manière que le brome.

Si l'on évite d'employer un excès de ce réactif, on obtient un composé correspondant au salycilate monobromé, mais qu'il est assez difficile d'obtenir entièrement pur.

Lorsque l'on fait passer, au contraire, dans du salycilate de méthylène un courant de chlore, jusqu'à ce que toute action cesse, on obtient une masse cristalline assez fusible, et qu'on peut considérer comme un mélange d'une petite quantité de salycilate monochloré et de salycilate bichloré.

Cette dernière substance peut être amenée à l'état de pureté en traitant le produit brut par l'alcool bouillant et abandonnant la liqueur au refroidissement.

Le salycilate bichloré se dépose alors sous forme d'aiguilles prismatiques légèrement jaunâtres, que l'on peut obtenir entièrement blanches en leur faisant subir une ou deux cristallisations dans l'alcool.

Cette substance est insoluble dans l'eau, soluble dans l'alcool et l'éther; elle fond à une température de 100 degrés environ, et se volatilise à une température supérieure sans éprouver d'altération. De même que le produit bromé correspondant, le salycilate bichloré se dissout dans une dissolution concentrée de potasse caustique ; les acides le séparent intact de cette combinaison.

Tous ces produits dérivés se comportent donc absolument de la même manière que le salycilate de méthylène qui leur sert de type.

L'ammoniaque liquide finit par dissoudre complétement ce composé et le transforme en une nouvelle amide correspondante à l'amide bromée, et qui n'en diffère qu'en ce qu'ici le chlore remplace le brome.

Soumis à l'analyse, le salycilate de méthylène bichloré m'a donné les résultats suivants :

I. $0^{gr},669$ de matière m'ont donné 0,180 d'eau et 1,065 d'acide carbonique.

II. $0^{gr},980$ de matière m'ont donné 1,251 de chlorure d'argent, ce qui représente 0,315 de chlore.

On tire de là, pour la composition en centièmes,

	I.	II.		Calcul.
Carbone	43,41	»	C^{32}.	43,24
Hydrogène. . .	2,98	»	H^{12}.	2,70
Chlore.	»	32,15	Cl^{4}.	32,40
Oxygène. . . .	»	»	O^{6}.	21,66
				100,00

Exposé pendant quelques jours à l'action du chlore, sous l'influence de la lumière solaire, ce composé n'a subi aucune altération.

Il suit de là que la molécule du salycilate de méthylène, de même que la molécule de l'acide salycilique d'où il dérive, perd avec une extrême facilité 2 équivalents d'hydrogène, qu'il échange contre un nombre égal d'équivalents de chlore ou de brome, tandis que l'hydrogène restant présente une très-grande résistance à l'action de ces substances.

Les réactions fournies par les composés bromés m'ont paru si nettes, qu'il devenait dès lors inutile d'examiner, sous le point de vue de la composition élémentaire, les produits résultant de l'action des réactifs sur les composés chlorés correspondants.

Action de l'acide nitrique sur le salycilate de méthylène.

Lorsqu'on traite l'huile de *Gaultheria* naturelle ou le salycilate de méthylène par l'acide nitrique fumant, la température s'élève beaucoup, et à tel point que, si l'on n'avait pas soin de refroidir le vase, une partie de la matière serait projetée au dehors. Au moyen de cette précaution, il se dégage à peine des vapeurs nitreuses, et bientôt tout le liquide se prend en une masse cristalline. En reprenant cette dernière par l'eau bouillante, on enlève l'acide nitrique excédant qui pourrait souiller la matière; le produit, privé d'acide nitrique, est enfin amené à l'état de pureté parfaite au moyen de deux ou trois cristallisations dans l'alcool.

Ainsi préparée, cette matière se présente sous la forme d'aiguilles jaunâtres d'une finesse extrême : elle est très-peu soluble dans l'eau; placée dans ce liquide bouillant, elle s'y fond, et présente l'aspect d'une huile très-pesante; par le refroidissement, l'eau laisse déposer des aiguilles très-fines, d'un blanc légèrement jaunâtre; elle est assez soluble dans l'alcool bouillant. Lorsque ce liquide en est saturé à la température de l'ébullition, il se prend en masse par le refroidissement. Elle fond à une température de 88 à 90 degrés; soumise à l'action d'une chaleur ménagée, elle se volatilise en grande partie sans altération.

L'ammoniaque ne la dissout pas; la potasse et la soude la dissolvent très-bien au contraire, et forment avec elle des combinaisons qui sont sans doute analogues à celles que le salycilate de méthylène forme avec ces mêmes bases.

L'acide nitrique l'attaque en formant de nouveaux produits, et donne pour résultat final, de l'acide carbazotique.

Soumis à l'analyse, ce composé m'a donné les résultats suivants :

I. $0^{gr},836$ de matière m'ont donné 0,264 d'eau et 1,486 d'acide carbonique.

II. $0^{gr},862$ m'ont donné 0,280 d'eau et 1,537 d'acide carbonique.

III. $0^{gr},502$ m'ont donné 24 centimètres cubes d'azote à la température de 11 degrés, et sous la pression de $0^{m},763$.

Ces résultats, traduits en centièmes, donnent :

	I.	II.	III.
Carbone...........	48,42	48,63	»
Hydrogène.........	3,51	3,60	»
Azote.............	»	»	7,27
Oxygène...........	»	»	»

et s'accordent parfaitement avec la formule

C^{32}............	1200,0	48,69
H^{14}............	87,5	3,54
Az^{2}............	177,0	7,18
O^{10}............	1000,0	40,59
	2464,0	100,00

ce qui fait de ce composé l'anilate ou indigotate de méthylène. Restait à vérifier cette hypothèse : à cet effet, j'ai fait bouillir dans une cornue le produit précédent avec un excès de potasse; la liqueur a pris une teinte brune foncée, tandis que dans le récipient s'est condensé un liquide aqueux, incolore, d'une odeur éthérée, qui, rectifié à plusieurs reprises sur de la chaux vive, brûle avec une flamme d'un bleu pâle. Le liquide brun de la cornue, étant traité par l'acide chlorhydrique faible en léger excès, laisse déposer des flocons jaunâtres qui, purifiés convenablement et séchés à 170 degrés, m'ont présenté la composition de l'acide indigotique, ainsi qu'on peut le voir par les analyses suivantes :

I. $0^{gr},475$ de matière ont donné 0,128 d'eau et 0,794 d'acide carbonique.

II. $0^{gr},513$ de la même matière ont donné 33 centimètres d'azote à 150 degrés et sous la pression de $0^{m},762$.

On tire de là, pour la composition en centièmes,

	I.	II.		Théorie.
Carbone.	45,55	»	C^{28}. . .	45,90
Hydrogène . . .	2,98	»	H^{10}. . .	2,73
Azote.	»	7,55	Az^{2}. . .	7,65
Oxygène. . . .	»	»	O^{10}. . .	43,72
				100,00

De plus, cet acide donne avec les sels de peroxyde de fer cette couleur rouge cerise caractéristique, et forme avec l'ammoniaque un composé entièrement semblable à celui que donne l'acide indigotique fourni par l'indigo.

Si l'on ajoute à l'indigotate de méthylène de l'acide nitrique fumant, en léger excès, une réaction très-vive s'établit, et ce composé disparaît dans l'acide qu'il colore en rouge foncé. En laissant la température s'élever, et l'aidant même à la fin de la réaction, on voit bientôt la liqueur se troubler, et des gouttes oléagineuses se déposer au fond du vase. Si l'on arrête la réaction dès que la proportion de ces dernières cesse d'augmenter, on obtient, par le refroidissement, une masse jaunâtre résineuse, qui se dissout parfaitement dans l'alcool bouillant, et qui se sépare presque en entier de ce véhicule par le refroidissement sous forme de longues aiguilles d'un jaune pâle.

Cette matière fond à une température de 95 degrés, et se prend, par le refroidissement, en une masse rayonnée d'un beau jaune. Chauffée avec précaution, elle donne des vapeurs qui se condensent contre les parois froides du vase sous forme d'aiguilles déliées à peine jaunâtres.

L'eau froide en dissout des traces et se colore faiblement; l'eau bouillante en dissout davantage, et laisse déposer, en se refroidissant, des aiguilles fines et longues à peine colorées.

L'alcool et l'éther la dissolvent assez bien, surtout à chaud.

La dissolution aqueuse de cette substance ne donne pas de coloration rouge avec les sels de fer; décomposée par la potasse, elle fournit un sel dont l'acide ne donne pas non plus de coloration rouge avec les sels de peroxyde de fer. Cette matière ne contient donc pas d'acide indigotique.

Soumise à l'analyse, elle m'a donné les résultats suivants :

I. $0^{gr},445$ de matière m'ont donné $37^{c.c.},5$ d'azote à la température de 18 degrés et sous la pression de $0^{m},760$.

II. $0^{gr},766$ de matière m'ont donné 0,224 d'eau et 1,214 d'acide carbonique.

III. $0^{gr},657$ d'un autre échantillon fondant exactement à 95 degrés m'ont donné 55 centimètres d'azote à 21 degrés et sous la pression de $0^{m},761$.

IV. $0^{gr},750$ du même échantillon m'ont donné 0,211 d'eau et 1,198 d'acide carbonique.

Ces résultats, traduits en centièmes, donnent :

	I.	II.	III.	IV.
Carbone.	»	43,22	»	43,57
Hydrogène. . . .	»	3,24	»	3,12
Azote.	9,74	»	9,40	»
Oxygène.	»	»	»	»

et conduisent à la formule

C^{32}.	43,73
H^{11}.	2,96
Az^{3}.	9,56
O^{12}.	43,75
	100,00

ce qui ferait de ce composé un éther méthylique renfermant un acide dérivé de l'acide salycilique, et formé par la substitution de 1 $\frac{1}{2}$ équivalent de vapeur nitreuse à 1 $\frac{1}{2}$ équivalent d'hydrogène. Il semblerait assez probable que le produit précédent est un mélange d'indigotate de méthylène avec un éther méthylique contenant un acide salycilique modifié par la substitution de 2 équivalents de vapeur nitreuse à 2 équivalents d'hydrogène. Il est cependant assez remarquable que deux échantillons différents aient donné des nombres d'une concordance parfaite. De plus, ce composé bouilli avec un excès de potasse ne donne plus, quand on le traite par un acide, la moindre trace d'acide indigotique, ce que l'on ne pourrait expliquer dans le cas d'un mélange.

Ce produit bouilli avec un excès d'acide azotique, jusqu'à ce que ce dernier n'exerçât plus d'action, m'a donné en définitive une substance qui possède les propriétés de l'acide carbazotique, et dont la composition s'en rapproche singulièrement, ainsi qu'on peut le voir par les analyses suivantes :

I. $0^{gr},575$ de matière ont donné 0,090 d'eau et 0,685 d'acide carbonique.

II. $0^{gr},504$ de matière ont donné $79^{c.c.},5$ d'azote à la température de 16 degrés et sous la pression de $0^{m},744$.

Ce qui donne en centièmes,

Carbone.	32,47	»	C^{24}. . . .	31,8
Hydrogène. . . .	1,73	»	H^{6}. . . .	1,2
Azote.	»	17,96	Az^{6}. . . .	18,4
Oxygène.	»	»	O^{14}. . . .	48,6
				100,0

L'excès de carbone et d'hydrogène que l'on remarque ici doit être attribué à ce que l'action de l'acide nitrique n'était sans doute pas terminée, car l'on ne saurait déduire d'autre formule.

Action de l'ammoniaque sur le salycilate de méthylène.

Nous avons vu précédemment que le salycilate de méthylène formait à froid, avec les alcalis hydratés, des combinaisons définies, tandis que, sous l'influence de la chaleur, l'éther composé était détruit, l'acide salycilique et l'esprit-de-bois devenant libres.

L'ammoniaque caustique se comporte d'une manière toute différente : l'huile ne forme pas avec elle de combinaison et ne se dissout pas non plus dans la liqueur ammoniacale; mais lorsqu'on place dans un flacon bouché 1 volume de salycilate de méthylène et 5 à 6 volumes d'une dissolution aqueuse d'ammoniaque à saturation, on voit l'huile disparaître peu à peu. Dans l'espace de quelques jours, la dissolution s'est opérée d'une manière complète; la liqueur présente alors une couleur d'un jaune brunâtre; si on l'évapore à une douce chaleur, on obtient, après réduction à moitié du volume primitif, une matière cristallisée en longues aiguilles.

L'évaporation à siccité donne un résidu brunâtre, cristallin, qui, soumis à la distillation, laisse dégager au commencement des vapeurs ammoniacales, puis bientôt après, un liquide qui se condense contre les parois froides de la cornue, sous la forme d'une masse cristalline d'un jaune de soufre.

Reprise par l'éther, cette matière se dépose, par l'évaporation de ce liquide, sous la forme de lamelles d'un blanc jaunâtre, douées de beaucoup d'éclat.

Celles-ci fondent à une température assez basse, en donnant un liquide qui, par refroidissement, se prend en une masse cristalline.

Cette matière, purifiée à l'aide de plusieurs cristallisations, est à peine soluble dans l'eau froide, beaucoup plus soluble dans l'eau bouillante, qui l'abandonne sous forme de longues aiguilles par le refroidissement, plus soluble encore dans l'alcool et l'éther. Elle rougit assez fortement la teinture de tournesol, possède une odeur aromatique particulière qui se rapproche de celle de la réglisse anisée, et se volatilise sous l'influence d'une chaleur ménagée, sans éprouver de décomposition sensible. Traitée par l'acide nitrique fumant, cette matière donne un composé dérivé par substitution qui se présente sous la forme de beaux cristaux. Le chlore et le brome l'attaquent en donnant naissance à des combinaisons nouvelles que je n'ai point examinées. La composition de ce produit est très-simple, et dérive facilement de celle du salycilate de méthylène, comme on va le voir par les analyses suivantes.

En effet, on a

I. $0^{gr},500$ d'un premier échantillon ont donné 0,238 d'eau et 1,116 d'acide carbonique.

II. $0^{gr},720$ du même échantillon ont donné 62 centimètres cubes d'azote à la température de 15 degrés et sous la pression de $0^{m},762$.

III. $0^{gr},475$ d'un second échantillon ont donné 0,227 d'eau et 1,067 d'acide carbonique.

IV. $0^{gr},427$ du même échantillon ont donné $36^{c.c.},5$ d'azote à la température de 16 degrés et sous la pression de $0^{m},763$.

On tire de ces analyses, pour la composition en centièmes,

	I.	II.	III.	IV.
Carbone. . . .	60,86	»	61,25	»
Hydrogène. . .	5,28	»	5,30	»
Azote.	»	9,95	»	10,09
Oxygène. . . .	»	»	»	»

nombres qui s'accordent avec la formule

C^{28}.	1050,0	61,31
H^{14}.	87,5	5,11
Az^{2}.	177,0	10,22
O^{4}.	400,0	23,36
	1714,5	100,00

On voit d'après cela que ce produit, identique par sa composition avec l'acide anthranilique obtenu par Fristzche dans la réaction de la potasse sur l'indigo, n'est autre que la salycilamide. Cette matière, en effet, sous l'influence des bases ou des acides forts employés en excès, régénère de l'ammoniaque et de l'acide salycilique. Voilà donc une amide acide engendrée par l'action de l'ammoniaque sur un acide monobasique volatil, à 6 atomes d'oxygène. Cette classe d'acides offre donc des résultats tout particuliers, ainsi que je l'ai démontré le premier.

La réaction précédente s'explique d'une manière simple.

En effet on a

$$C^{28}H^{10}O^{5},\ C^{4}H^{6}O + Az^{2}H^{6} = \underbrace{C^{28}H^{10}O^{4},\ Az^{2}H^{4}}_{\text{Salycilamide.}} + \underbrace{(C^{4}H^{6}O,\ H^{2}O)}_{\text{Esprit-de-bois.}}$$

Lorsqu'on distille cette matière avec du verre pilé mêlé de baryte caustique, on obtient une liqueur huileuse parfaitement neutre, et ne possédant aucune des propriétés de l'*aniline*.

Action de l'ammoniaque sur l'indigotate de méthylène.

ANILAMIDE.

L'indigotate de méthylène ne se dissout pas dans l'ammoniaque liquide; mais lorsqu'on fait digérer ensemble ces deux produits dans un vase fermé, on voit l'indigotate de méthylène disparaître peu à peu, tandis que la liqueur ammoniacale prend une teinte d'un rouge orangé. Si l'on opère sur 10 à 15 grammes de matière, au bout de trois semaines environ tout est dissous. Le liquide, évaporé à un feu très-doux, laisse déposer sur les bords de la capsule une matière d'un rouge orangé vif qui se dissout bien dans l'eau, surtout lorsque celle-ci est un peu ammoniacale; l'addition d'un acide détermine la précipitation de flocons jaunes qui, lavés à l'eau et repris par l'alcool, se séparent, par l'évaporation de ce véhicule, sous la forme de petits cristaux jaunes très-brillants, volatils en partie, sans décomposition.

Ce produit se dissout facilement dans l'ammoniaque, la potasse et la soude à froid; les acides le précipitent intact de ses dissolutions; il se dissout à peine dans l'eau froide qu'il colore cependant. L'eau bouillante le dissout beaucoup mieux; l'alcool et l'éther en dissolvent bien davantage.

La dissolution aqueuse de ce produit colore en rouge cerise les sels de peroxyde de fer.

Bouilli avec une dissolution concentrée de potasse caustique, il laisse dégager de l'ammoniaque et donne pour résidu de l'indigotate de potasse.

Ce composé, soumis à l'analyse, m'a donné les résultats suivants :

I. $0^{gr},499$ de matière m'ont donné 0,155 d'eau et 0,840 d'acide carbonique.

II. $0^{gr},513$ de matière m'ont donné 66 centimètres cubes d'azote à la température de 12 degrés et sous la pression de $0^{m},761$.

Ces résultats, traduits en centièmes, donnent :

	I.	II.
Carbone.	45,90	»
Hydrogène.	3,44	»
Azote.	»	15,31
Oxygène.	»	»

ce qui conduit à la formule

C^{28}.	1050	46,15
H^{12}.	75	3,29
Az^{4}.	354	15,38
O^{8}.	800	35,18
	2279	100,00

C'est donc, comme on le voit, l'anilamide. C'est le premier cas de la formation d'une amide d'un acide azoté.

Action des alcalis anhydres sur le salycilate de méthylène.

L'action de la baryte et de la chaux anhydres sur le salycilate de méthylène présente des phénomènes très-dignes d'intérêt. En effet, vient-on à laisser tomber ce produit goutte à goutte sur la baryte anhydre, réduite en poudre fine, on observe une élévation très-notable de température ; il se forme dans cette circonstance un composé de nature particulière, que nous avons décrit précédemment. Si la baryte est en grand excès, et qu'on soumette le mélange à la distillation sèche, il passe dans le récipient une matière huileuse, dont la majeure partie est insoluble dans la potasse. Cette substance, purifiée à l'aide de plusieurs lavages avec une eau alcaline, desséchée sur du chlorure de calcium fondu, et rectifiée, présente exactement la composition de l'anisole dont j'ai signalé la formation dans la distillation de l'acide anisique cristallisé en présence d'un excès de baryte. Ce produit donne en effet, à l'analyse, les résultats suivants :

I. $0^{gr},373$ ont donné 0,256 d'eau et 1,061 d'acide carbonique.

II. $0^{gr},375$ ont donné 0,255 d'eau et 1,067 d'acide carbonique.

D'où l'on tire, pour la composition en centièmes,

Carbone.	77,56	77,59
Hydrogène.	7,62	7,56
Oxygène.	14,82	14,85
	100,00	100,00

nombres qui s'accordent entièrement avec la formule

C^{28}.	77,77
H^{16}.	7,40
O^{2}.	14,83
	100,00

Nous voyons donc deux substances isomériques, l'acide anisique et le salycilate de méthylène, présentant en outre le même équivalent chimique, fournir, sous l'influence des bases hydratées, des réactions entièrement différentes, tandis qu'en présence de ces mêmes bases anhydres elles donnent des résultats identiques. Il serait curieux d'étudier les produits que fournit, dans cette circonstance, l'acide formo-benzoïlique qui présente également une isomérie complète avec les composés précédents.

N'est-il pas étonnant de voir un corps, qui présente la composition des éthers neutres, se comporter comme le ferait un véritable acide? Il semble que, dans la réaction précédente, l'hydrate de phényle et le méthylène se combinent à l'état naissant pour former l'anisole.

Quelle idée devons-nous nous faire maintenant de la constitution des éthers composés? Faut-il y admettre, comme on l'a fait jusqu'à présent, l'existence d'acides combinés à l'éther, qui jouerait alors le rôle d'une véritable base, et assimiler ces composés aux sels de la nature minérale?

N'est-il pas plus naturel de supposer, avec M. Gerhardt, que lorsqu'un acide réagit sur l'alcool, 2 équivalents d'eau se séparent, tandis que le reste des éléments forme une molécule particulière? Dans cette manière de voir, l'alcool, ou pour raisonner d'une manière plus générale, les alcools se comporteraient à l'égard des acides comme le fait l'ammoniaque.

Les éthers composés deviendraient alors analogues aux amides, et constitueraient des corps à part, tantôt neutres, comme les éthers acétique ou benzoïque, tantôt acides, comme les éthers formés par l'acide salycilique, et possédant tous ce caractère commun, de régénérer de l'alcool et des acides lorsqu'on les place dans des circonstances où ils peuvent fixer les éléments de l'eau.

Les propriétés du salycilate de méthylène et de l'éther salycilique qui s'en rapproche tant, méritent de fixer sérieusement l'attention des chimistes, et pourront, je l'espère, jeter quelque jour sur la véritable constitution des éthers.

La production de l'anisole, dans cette circonstance, ne me paraît pas devoir être un fait isolé, car les éthers des acides à 6 atomes d'oxygène jouissent des propriétés des acides, et donneront sans doute des résultats semblables.

Je profiterai de cette occasion pour parler de quelques nouveaux produits que m'a fournis l'étude de l'anisole. Si l'on fait réagir le brome sur cette matière, on peut obtenir deux produits distincts. Le premier résulterait de la substitution de 1 équivalent d'hydrogène à 1 équivalent de brome; je n'ai pu l'obtenir suffisamment pur pour avoir des nombres entièrement concordants avec la théorie.

Le second résulte de la substitution de 2 équivalents de brome à 2 équivalents d'hydrogène. C'est une substance solide soluble dans l'alcool bouillant, d'où elle se dépose, par le refroidissement, sous la forme d'écailles cristallines douées d'un très-grand éclat.

Il est fusible à la température de 54 degrés; soumis à la distillation, il se volatilise sans laisser de résidu; les vapeurs viennent se déposer contre les parois froides de la cornue sous la forme de petites tables parfaitement nettes et très-brillantes.

Soumis à l'analyse, ce produit m'a donné les résultats suivants :

I. $0^{gr},550$ de bibromanisole m'ont donné 0,114 d'eau et 0,639 d'acide carbonique.

II. $0^{gr},601$ de la même matière m'ont donné 0,131 d'eau et 0,702 d'acide carbonique.

III. $0^{gr},680$ m'ont donné 0,971 de bromure d'argent, ce qui représente 0,4075 de brome.

D'où l'on déduit, pour la composition en centièmes,

	I.	II.	III.
Carbone. . . .	31,61	31,85	»
Hydrogène. . .	2,30	2,38	»
Brome.	»	»	59,93
Oxygène. . . .	»	»	»

ce qui s'accorde avec la formule

C^{28}.	1050,0	32,00
H^{12}.	75,0	2,29
Br^{4}.	1956,0	59,61
O^{2}.	200,0	6,10
	3281,0	100,00

L'acide nitrique fumant attaque vivement l'anisole à la température ordinaire. Il se dégage beaucoup de chaleur, l'addition de l'eau précipite une huile pesante qui ne tarde pas à se prendre en une masse butyreuse d'apparence cristalline. En reprenant ce produit par l'alcool bouillant, ce véhicule prend une teinte d'un beau vert comparable, pour la richesse, aux dissolutions des sels de protoxyde de chrome, et laisse déposer, par le refroidissement, des aiguilles parfaitement incolores. Ce composé correspond au produit bromé décrit précédemment ainsi que l'établissent les analyses suivantes :

I. $0^{gr},301$ de nitranisole m'ont donné 0,087 d'eau et 0,467 d'acide carbonique.

II. $0^{gr},619$ de matière m'ont donné 0,175 d'eau et 0,958 d'acide carbonique.

III. $0^{gr},358$ de matière m'ont donné 46 centimètres cubes d'azote à la température de 13 degrés et sous la pression de $0^{m},752$.

D'où l'on tire, pour la composition en centièmes,

	I.	II.	III.	Théorie.
Carbone....	42,32	42,20	»	42,42
Hydrogène...	3,20	3,13	»	3,03
Azote......	»	»	14,21	14,14
Oxygène....	»	»	»	40,41
				100,00

L'acide sulfurique de Nordhausen dissout l'anisole en s'échauffant, et prend une couleur d'un rouge vif; en ajoutant de l'eau à ce produit, la couleur disparaît, il se précipite des aiguilles fines et soyeuses que j'ai obtenues en trop faible quantité pour pouvoir en faire l'analyse, mais qui doivent, selon toute apparence, présenter une composition analogue à celle de la sulfobenzide.

L'eau retient en dissolution un acide particulier qui correspond à l'acide sulfovinique. Pour le séparer de l'acide sulfurique en excès avec lequel il se trouve mélangé, on sature la liqueur avec du carbonate de baryte; on obtient de cette manière un sel soluble de cette base qu'on peut facilement séparer du sulfate au moyen du filtre.

Le sel de baryte, cristallisé et desséché, peut se représenter par la formule

$$2SO^3,\ C^{28}H^{16}O^2,\ BaO.$$

J'avais pensé que l'anisole, en raison de sa composition $C^{28}H^{16}O^2$, pourrait être considéré comme l'alcool de la série benzoïque. Afin de résoudre cette question, j'ai distillé à plusieurs reprises l'anisole sur de l'acide phosphorique anhydre; mais au lieu d'obtenir le carbure d'hydrogène $C^{28}H^{12}$, comme je m'y attendais, j'ai observé que l'anisole distillait sans éprouver d'altération.

En effet, j'ai soumis à l'analyse de l'anisole qui avait subi deux distillations sur l'acide phosphorique anhydre en excès; j'ai obtenu les résultats suivants :

I. $0^{gr},587$ de matière m'ont donné, par la combustion avec l'oxyde de cuivre, 0,401 d'eau et 1,673 d'acide carbonique.

II. $0^{gr},481$ de matière m'ont donné 0,323 d'eau et 1,372 d'acide carbonique.

Ce qui, traduit en centièmes, donne

	I.	II.	Théorie.
Carbone	77,72	77,76	77,78
Hydrogène	7,58	7,43	7,40
Oxygène	14,70	14,81	14,82
	100,00	100,00	100,00

Éther salycilique.

Ce composé s'obtient facilement en soumettant à la distillation un mélange de 2 parties d'alcool absolu, 1 ½ partie d'acide salycilique cristallisé, et 1 partie d'acide sulfurique à 66 degrés.

Les premiers produits recueillis consistent presque entièrement en alcool qui a échappé à la réaction, puis il passe un mélange d'alcool et d'éther salycilique; mais ce sont les dernières portions qui renferment la plus forte proportion de ce produit. Il faut avoir soin d'arrêter la distillation lorsque l'acide sulfureux commence à se manifester.

Le produit brut, ainsi préparé, est agité à plusieurs reprises avec une eau légèrement ammoniacale, afin d'enlever l'acide qui pourrait souiller l'éther, puis lavé à l'eau pure, séché sur du chlorure de calcium et distillé deux fois.

Ainsi purifié, l'éther salycilique est incolore, d'une odeur suave, ressemblant à celle du salycilate de méthylène, mais moins forte. Il est plus pesant que l'eau. Il bout vers 228 à 230 degrés. Il forme avec la potasse et la soude des combinaisons cristallisées solubles dans l'eau, qui ressemblent parfaitement à celles que forme le salycilate de méthylène; ces combinaisons sont détruites lorsque l'on y ajoute un acide, et l'éther salycilique, devenu libre, se sépare.

La baryte forme avec l'éther salycilique une combinaison cristalline et peu soluble.

Si, au lieu de faire agir les alcalis à froid sur l'éther salycilique, on fait intervenir la chaleur, la molécule se dédouble en donnant naissance à de l'alcool et à un salycilate.

La baryte anhydre donne avec l'éther salycilique des résultats analogues à ceux que nous avons signalés en parlant du salycilate de méthylène. Lorsque les deux matières sont mises en présence, il se développe beaucoup de chaleur, et par la distillation sèche on obtient un liquide qui ne se dissout qu'imparfaitement dans la potasse caustique. La portion insoluble possède une odeur aromatique, et dérive de l'éther salycilique par une simple élimination d'acide carbonique; elle a pour composition $C^{32}H^{20}O^{2}$.

Le chlore et le brome agissent vivement sur l'éther salycilique et donnent naissance à des produits cristallisés dérivés par substitution.

L'ammoniaque ne dissout pas l'éther salycilique; mais lorsque l'on conserve en vase clos un mélange de ces deux substances, l'éther finit par disparaître, au bout d'un temps assez long, en produisant une liqueur brune entièrement soluble dans l'eau; il se régénère de l'alcool, et l'on obtient la salycilamide.

L'acide nitrique fumant, ajouté goutte à goutte à l'éther salycilique, la dissout en dégageant beaucoup de chaleur et se colorant en rouge foncé; l'addition de l'eau détermine la séparation d'une huile qui se solidifie au bout de quelque temps en une masse jaunâtre, qui, lavée à l'eau et reprise par l'alcool bouillant, laisse déposer, par le refroidissement, des aiguilles soyeuses jaunes: c'est l'éther indigotique. Bouilli avec un excès d'acide nitrique, il donne naissance à de l'acide carbazotique.

L'analyse de l'éther salycilique m'a conduit aux résultats suivants:

I. 0,530 de matière m'ont donné 0,293 d'eau et 1,257 d'acide carbonique.

II. 0,821 d'un autre échantillon m'ont donné 0,450 d'eau et 1,954 d'acide carbonique.

D'où l'on déduit, pour la composition en centièmes,

	I.	II.		Théorie.
Carbone....	64,67	64,89	C^{36}...	65,06
Hydrogène...	6,13	6,08	H^{20}...	6,03
Oxygène....	29,20	29,03	O^{6}...	28,91
	100,00	100,00		100,00

On voit, par l'ensemble des réactions qui précèdent, que l'éther salycilique se comporte absolument de la même manière que le salycilate de méthylène. Il devenait dès lors inutile de produire tous les composés correspondants ; j'ai dû chercher seulement à former les plus importants, ainsi qu'on va le voir.

Éther indigotique.

L'éther indigotique se prépare avec une extrême facilité en ajoutant à l'éther salycilique de l'acide nitrique fumant par petites portions, et ayant soin de refroidir le mélange, afin d'éviter une trop brusque élévation de température.

Il se présente ici un phénomène assez curieux : lorsque l'on étend d'eau la liqueur nitrique, il se précipite une huile pesante qui peut demeurer liquide pendant plusieurs jours. Si l'on y ajoute quelques gouttes d'ammoniaque, pour saturer l'excès d'acide, cette huile se solidifie à l'instant.

Si l'on fait bouillir cette matière avec de l'eau, elle fond ; par le refroidissement, le liquide se prend en une masse cristalline. On reprend cette dernière à plusieurs reprises par l'eau bouillante, afin d'éloigner l'acide nitrique excédant, et l'on dissout la masse résinoïde qui reste pour résidu dans l'alcool bouillant ; par l'évaporation du véhicule, l'éther indigotique se dépose sous la forme d'aiguilles jaunâtres, ressemblant singulièrement pour l'aspect à l'indigotate de méthylène. Deux ou trois cristallisations dans l'alcool donnent ce produit dans un état de parfaite pureté.

La potasse et la soude caustique dissolvent à froid l'éther indigotique, en formant des composés correspondants à ceux que produit l'éther salycilique. Les alcalis à la température de l'ébullition le détruisent en régénérant de l'alcool et de l'acide indigotique.

L'ammoniaque liquide ne le dissout pas ; mélangé à cette substance et abandonné dans un flacon bouché, il finit par disparaître ; de l'alcool se trouve régénéré, et la liqueur ammoniacale retient en dissolution de l'anilamide que l'on peut isoler et purifier par le procédé que nous avons décrit plus haut.

L'éther indigotique, soumis à l'analyse, m'a donné les résultats suivants :

I. $0^{gr},670$ m'ont donné 0,261 d'eau et 1,250 d'acide carbonique.

II. $0^{gr},428$ m'ont donné 0,166 d'eau et 0,800 d'acide carbonique.

III. $0^{gr},562$ m'ont donné 32 centimètres cubes d'azote à la température de 10 degrés et sous la pression de 0,740.

Ces résultats, traduits en centièmes, donnent :

	I.	II.	III.
Carbone	50,91	50,97	»
Hydrogène.	4,33	4,30	»
Azote.	»	»	6,64
Oxygène	»	»	»

ce qui s'accorde avec la formule

C^{36}.	1350,0	51,18
H^{18}.	112,5	4,26
Az^{2}.	177,0	6,63
O^{10}.	1000,0	37,93
	2639,5	100,00

Action du brome sur l'éther salycilique.

Le brome se comporte avec l'éther salycilique de la même manière qu'avec le salycilate de méthylène. S'il est employé en quantité insuffisante, il produit un composé très-soluble dans l'alcool, cristallisable en fines aiguilles, et présentant beaucoup d'analogie avec le salycilate de méthylène monobromé. Ce dernier, traité par un excès de brome, s'échauffe, laisse dégager de l'acide bromhydrique en abondance, et se transforme en un nouveau produit très-peu soluble dans l'alcool froid, assez soluble dans l'acool bouillant, d'où il se dépose, par le refroidissement, sous forme de larges écailles nacrées.

Ce composé fond à une température assez basse, et se prend, par le refroidissement, en une masse cristalline entièrement semblable à une cristallisation de bismuth. Si l'on opère sur 10 à 15 grammes, on obtient ainsi par fusion des cubes d'un grand volume et d'une parfaite netteté. C'est le plus beau des produits que fournit cette série. Soumis à l'action d'une chaleur ménagée, il se volatilise presque entièrement sans laisser de résidu, et se dépose sous forme cristalline contre les parties froides de l'appareil distillatoire.

L'éther salycilique bibromé se dissout dans une solution concentrée de potasse caustique; l'addition d'un acide minéral le précipite inaltéré.

L'ammoniaque le dissout à la longue en formant une amide qui contient du brome.

L'éther salycilique bibromé, soumis à l'analyse, m'a donné les résultats suivants :

I. 0gr,708 de matière m'ont donné 0,162 d'eau et 0,867 d'acide carbonique.

II. 0gr,612 de matière m'ont donné 0,717 de bromure d'argent, ce qui représente 0,301 de brome.

Ces résultats, traduits en centièmes, donnent :

	I.	II.		Théorie.
Carbone	33,39	»	C^{36}. . .	33,74
Hydrogène. . .	2,54	»	H^{16}. . .	2,50
Brome.	»	49,17	Br^{4}. . .	48,75
Oxygène. . . .	»	»	O^{6}. . . .	15,01
				100,00

Ce composé se dissout dans une solution concentrée de potasse ou de soude caustique, en formant, avec ces alcalis, des combinaisons cristallisées.

Tels sont les résultats que m'a fournis l'étude du salycilate de méthylène et de l'éther salycilique.

Action du chlore sur le salycilate de potasse.

Lorsqu'on fait passer du chlore bulle à bulle dans une dissolution de salycilate de potasse moyennement concentrée, la liqueur prend une teinte brune, et bientôt il se forme un dépôt de couleur gris foncé. Si, lorsque celui-ci commence à apparaître, on sature la liqueur par un acide, il se précipite une substance blanche qui, lavée à l'eau, puis reprise par l'alcool, se sépare de ce dissolvant sous forme d'aiguilles fines; c'est un acide chloré, qui se rapproche par sa composition de l'acide monochlorosalycilique, mais qu'il est très-difficile d'obtenir dans un état de pureté convenable. Si, au lieu d'opérer ainsi, on continue de faire agir le courant du chlore sur la dissolution du sel de potasse, en arrêtant seulement l'action lorsque le dépôt ne paraît plus augmenter sensiblement, puis qu'on jette la matière sur un filtre, et qu'on la lave jusqu'à ce que les eaux de lavage ne passent plus colorées, on obtient en dernier lieu une masse grisâtre. Celle-ci se dissout facilement à l'aide de l'ébullition dans l'eau à laquelle on ajoute environ un tiers de son volume d'alcool à 36 degrés; et, par le refroidissement, elle se sépare peu à peu sous la forme d'aiguilles cristallines, d'un blanc gris. A l'aide de deux ou trois cristallisations dans de l'alcool très-affaibli, on obtient un produit presque complétement incolore. C'est un sel de potasse contenant un acide chloré dérivé de l'acide salycilique par la substitution de 2 équivalents de chlore à 2 équivalents d'hydrogène; c'est du bichlorosalycilate de potasse. Ce corps présente entièrement l'aspect du bichlorosalycilate de méthylène, et nous verrons dans un instant que sa composition s'en rapproche singulièrement; ces deux composés ne diffèrent, en effet, l'un de l'autre qu'en ce que 1 équivalent de potassium remplace 1 équivalent de méthylium.

Le sel de potasse ainsi préparé étant dissous dans l'eau, puis décomposé par l'acide chlorhydrique, laisse déposer une matière blanche qui se dissout facilement dans l'alcool à 0,80. Si la dissolution est très-concentrée, l'acide se dépose, par le refroidissement, sous la forme d'aiguilles ou d'écailles. Si la dissolution est étendue et abandonnée à l'évaporation spontanée, l'acide cristallise en octaèdres bien déterminés, durs, et qu'on peut facilement réduire en poudre. Cet acide forme avec la potasse et l'ammoniaque des sels neutres peu solubles; il produit, dans les sels de plomb et d'argent, des précipités blancs abondants.

Il se dissout en petite quantité dans l'eau à la température de l'ébullition; par le refroidissement, il se sépare sous forme d'aiguilles très-fines. L'alcool le dissout très-facilement; il en est de même de l'éther: ce dernier liquide le dissout même en plus forte proportion.

L'acide sulfurique le dissout à l'aide d'une douce chaleur, et l'abandonne en partie par le refroidissement. L'acide azotique concentré l'attaque avec facilité à l'aide de l'ébullition; il finit par le dissoudre, et laisse déposer, par le refroidissement, de belles lames jaunes.

Distillé à deux ou trois reprises sur du sable mêlé d'une petite quantité de baryte ou de chaux caustique, il se décompose entièrement, et se transforme en acide chlorophénisique.

L'acide bichlorosalycilique, ainsi obtenu, donne à l'analyse les résultats suivants:

I. $0^{gr},414$ d'un premier échantillon ont donné 0,080 d'eau et 0,619 d'acide carbonique.

II. $0^{gr},4065$ du même échantillon ont donné 0,563 de chlorure d'argent, ce qui représente 0,138 de chlore, soit 34,13 pour 100.

III. $0^{gr},495$ d'un autre échantillon ont donné 0,095 d'eau et 0,740 d'acide carbonique.

IV. $0^{gr},502$ du même produit ont donné 0,094 d'eau et 0,749 d'acide carbonique.

V. $0^{gr},510$ du même produit ont donné 0,710 de chlorure d'argent, ce qui représente 0,175 de chlore, soit 34,31 pour 100.

VI. $0^{gr},585$ d'un autre échantillon ont donné 0,112 d'eau et 0,582 d'acide carbonique.

VII. $0^{gr},388$ du même produit ont donné 0,072 d'eau et 0,582 d'acide carbonique.

VIII. $0^{gr},522$ du même échantillon ont donné 0,724 de chlorure d'argent, ce qui représente 0,1785 de chlore, soit 34,18 pour 100.

Ces résultats, traduits en centièmes, conduisent aux nombres suivants:

	I.	II.	III.	IV.	V.	VI.	VII.	VIII.
Carbone...	40,77	»	40,77	40,68	»	40,65	40,91	»
Hydrogène..	2,14	»	2,13	2,07	»	2,12	2,00	»
Chlore....	»	34,13	»	»	34,31	»	»	34,18
Oxygène...	»	»	»	»	»	»	»	»

et s'accordent, comme on voit, avec la formule

C^{28}.	1050,0	40,62
H^{8}.	50,0	1,94
Cl^{4}.	885,2	34,24
O^{6}.	600,0	23,20
	2585,2	100,00

Le chlorosalycilate de potasse, obtenu par l'action du chlore sur le salycilate de potasse, se présente sous la forme de petites aiguilles d'un blanc grisâtre. Il se dissout dans l'eau bouillante et se dépose, par le refroidissement, sous forme cristalline; il se dissout avec plus de facilité dans l'eau alcoolisée. Ce sel m'a donné les résultats suivants :

I. 0gr,798 de ce sel séché à 100 degrés dans le vide sec m'ont donné 0,282 de sulfate de potasse, ce qui représente 0,152 de potasse, soit 19,24 pour 100.

On déduit de là, pour le poids atomique de l'acide, 2476.

II. 0gr,470 du même sel ont donné 0,552 de chlorure d'argent, soit 0,136 de chlore, ce qui fait 28,39 pour 100.

Le calcul donne :

C^{28}.	1050,0	34,40
H^{6}.	37,5	1,23
Cl^{4}.	885,2	28,68
O^{5}.	500,0	16,43
KO.	590,0	19,26
	3062,7	100,00

Le liquide brun, d'où le bichlorosalycilate a été séparé au moyen du filtre, étant soumis à l'action d'un courant de chlore, jusqu'à refus, la liqueur se décolore, et il se précipite une substance rougeâtre, analogue, pour l'aspect, au sulfure d'antimoine obtenu par précipitation. Cette matière, lavée à l'eau distillée jusqu'à ce qu'elle ne cède plus rien à ce liquide, étant reprise par l'alcool, laisse déposer, par l'évaporation, de petits prismes durs, d'un jaune orange.

Ces cristaux ayant été séchés dans le vide, puis soumis à l'analyse, m'ont donné les résultats suivants :

I. $0^{gr},360$ de matière m'ont donné 0,058 d'eau et 0,535 d'acide carbonique.

II. $0^{gr},392$ du même produit m'ont donné 0,548 de chlorure d'argent, ce qui représente 0,135 de chlore, soit 34,43 pour 100.

Ces résultats, traduits en centièmes, donnent :

	I.	II.	Théorie.
Carbone.	40,48	»	40,62
Hydrogène.	1,79	»	1,94
Chlore.	»	34,43	34,24
Oxygène.	»	»	23,20
			100,00

Ce produit possède donc exactement la composition de l'acide bichlorosalycilique. La matière brute d'où se sont séparés les cristaux est très-fusible, possède une couleur assez brune, et cristallise d'une manière très-confuse. Soumise à l'analyse, elle m'a donné des résultats qui s'accordent avec la formule de l'acide chlorophénisique.

Ce produit en diffère complétement néanmoins par les propriétés. Soumis à la distillation sèche, il fournit une quantité très-notable d'acide chlorophénisique pur, doué de toutes les propriétés que lui a assignées M. Laurent.

Nous verrons tout à l'heure que le brome, en réagissant sur le salycilate de potasse, produit des phénomènes semblables.

Action du brome sur le salycilate de potasse.

Le brome exerce sur le salycilate de potasse une action toute semblable à celle du chlore. En effet, si l'on fait tomber goutte à goutte dans une solution concentrée de ce sel une dissolution aqueuse de brome, ce corps est entièrement absorbé, et la température du mélange s'élève notablement.

Bientôt il se sépare un dépôt cristallin assez abondant, que l'analyse me fit reconnaître pour être du bibromosalycilate de potasse. En décomposant la dissolution aqueuse de ce sel par l'acide chlorhydrique, on obtient l'acide bromé.

Celui-ci, purifié par d'abondants lavages à l'eau distillée, se sépare de sa dissolution alcoolique sous forme de cristaux prismatiques incolores. A peine soluble dans l'eau, il se dissout facilement dans l'alcool et surtout dans l'éther.

Il forme, avec la potasse et l'ammoniaque, des sels peu solubles et cristallisables, et des sels insolubles avec les oxydes métalliques proprements dits.

Soumis à l'analyse, il m'a donné les résultats suivants :

I. $0^{gr},564$ de matière m'ont donné 0,081 d'eau et 0,583 d'acide carbonique.

II. $0^{gr},420$ du même produit m'ont donné 0,535 de bromure d'argent, ce qui représente 0,225 de brome, soit 53,56 pour 100.

III. $0^{gr},522$ m'ont donné 0,070 d'eau et 0,541 d'acide carbonique.

Ces résultats, traduits en centièmes, donnent :

	I.	II.	III.	Théorie.
Carbone.	28,16	»	28,22	28,4
Hydrogène. . . .	1,59	»	1,49	1,4
Brome.	»	53,56	»	53,4
Oxygène.	»	»	»	16,8
				100,0

Si, au lieu d'opérer ainsi, on ajoute à la dissolution du salycilate de potasse un léger excès de potasse caustique, puis qu'on ajoute du brome jusqu'à refus, une action très-vive s'établit, la liqueur se décolore, de l'acide carbonique se dégage, et bientôt il se précipite une matière rougeâtre, analogue, pour l'aspect, au sulfure d'antimoine obtenu par précipitation. Cette substance, bien lavée à l'eau distillée, ne se dissout ni dans l'ammoniaque liquide ni dans la potasse caustique, même à la température de l'ébullition : l'alcool concentré et bouillant ne la dissout pas davantage; elle se dissout, au contraire, avec une extrême facilité dans l'éther.

Soumise à une chaleur ménagée en vases clos, elle laisse dégager d'épaisses vapeurs blanches qui se condensent sur les parties froides sous forme d'aiguilles blanches et déliées, offrant l'aspect d'une moisissure. Ce dernier produit possède la composition et les propriétés de l'acide bromophénisique.

La matière rouge donne à l'analyse les résultats suivants :

I. $0^{gr},440$ de matière m'ont donné 0,035 d'eau et 0,358 d'acide carbonique.

II. $0^{gr},305$ du même produit m'ont donné 0,522 de bromure d'argent, ce qui représente 0,219 de brome, soit 71,80 pour 100.

Ces résultats, traduits en centièmes, donnent :

	I.	II.		Théorie.
Carbone.	22,19	»	C^{24}. . . .	22,15
Hydrogène. . . .	0,88	»	H^{6}. . . .	0,92
Brome.	»	71,80	Br^{6}. . . .	72,00
Oxygène. . . .	»	»	O^{2}. . . .	4,93
				100,00

Les analyses précédentes assignent donc, comme on voit, à ce produit une composition identique à celle de l'acide bromophénisique, dont il diffère toutefois complétement par l'ensemble de ses propriétés.

GAULTHÉRYLÈNE.

Je désignerai sous ce nom la matière neutre et plus légère que l'eau, qui entre en faible proportion dans la composition de l'huile de gaultheria du commerce. Cette dernière renferme, en effet, plus des $\frac{9}{10}$ de son poids de salycilate de méthylène parfaitement pur; le reste consiste en gaulthérylène. Rien de plus simple que la préparation de ce produit.

On fait bouillir l'huile du commerce avec une dissolution concentrée de potasse, la cornue retient en dissolution le salycilate alcalin, tandis qu'il passe à la distillation un mélange d'esprit-de-bois, d'eau et de gaulthérylène. Des lavages répétés avec une eau alcaline, puis avec de l'eau pure, enlèvent l'esprit-de-bois ainsi que des traces de salycilate de méthylène qui aurait pu être entraîné au commencement de l'opération. Le produit lavé est mis en digestion sur du chlorure de calcium fondu, puis distillé sur du potassium.

Ainsi purifié, le gaulthérylène se présente sous la forme d'une huile incolore, très-mobile. Son odeur, assez agréable, se rapproche de celle de l'essence de poivre. Elle entre en ébullition à la température de 160 degrés; celle-ci ne varie pas de 1 degré pendant toute la durée de la distillation.

Traitée par l'acide nitrique fumant, cette substance se dissout en dégageant d'abondantes vapeurs rutilantes; en ajoutant de l'eau à la liqueur acide, il se précipite une matière résinoïde.

Le chlore et le brome exercent une action très-vive sur le gaulthérylène qu'ils transforment en des produits visqueux, en dégageant une grande quantité de gaz chlorhydrique ou bromhydrique.

Soumis à l'analyse, le gaulthérylène présente la composition suivante :

I. $0^{gr},334$ de matière ont donné 0,370 d'eau et 1,078 d'acide carbonique.

II. $0^{gr},521$ de matière ont donné 0,574 d'eau et 1,682 d'acide carbonique.

D'où l'on déduit, pour la composition en centièmes,

	I.	II.		Calcul.
Carbone	87,7	88,0	C^{20}	88,23
Hydrogène	12,3	12,2	H^{16}	11,77
	100,0	100,2		100,00

De plus, j'ai pris la densité de vapeur de cette substance; elle m'a fourni les nombres suivants :

Température de l'air	12 degrés.
Température de la vapeur	218 degrés.
Capacité du ballon	238 cent. cub.
Excès de poids du ballon	$0^{gr},560$
Baromètre	$0^{m},764$
Air restant	0

D'où l'on déduit pour le poids du litre, 6,41.

Et, par suite pour la densité cherchée, 4,92.

Le calcul donne 4,77.

Ce produit possède donc exactement la composition de l'essence de térébenthine, ainsi que l'état de condensation de cette substance.

C'est un fait bien digne de remarque que la présence d'un hydrogène carboné isomère de l'essence de térébenthine dans un grand nombre d'huiles volatiles oxygénées produites par des plantes appartenant à des familles très-différentes, telles que les essences de girofle, d'ulmaire, de gaultheria, de fenouil, etc.

En terminant, je dois signaler un fait qui m'a paru d'un haut intérêt en ce qu'il établirait une liaison nette, et que tout semble indiquer du reste, entre l'indigo et le salycile qui fournissent tous deux des produits de dérivation identique sous l'influence de certains agents.

Lorsqu'on fond de l'hydrate de potasse solide dans un creuset d'argent, et qu'on y projette peu à peu de l'indigo réduit en poudre fine, celui-ci disparaît en produisant une couleur rouge assez riche, qui passe bientôt au brun. Si l'on continue à chauffer en agitant sans cesse, il se dégage de l'hydrogène, puis bientôt après, de l'ammoniaque.

Si l'on arrête la réaction à cette époque, qu'on sature la potasse au moyen de l'acide sulfurique et qu'on distille à une douce chaleur, il passe dans le récipient un liquide possédant une odeur repoussante analogue à celle de l'acide valérianique, et d'où se séparent bientôt des feuillets incolores exempts d'azote, semblables, pour l'aspect, à l'acide salycilique, et donnant comme ce produit, avec les sels de peroxyde de fer, cette coloration violette si caractéristique. L'expérience ne réussit pas toujours bien; sur sept essais que j'ai tentés, trois seulement ont été couronnés de succès. Si l'on dépasse la température convenable, la matière est détruite; si l'on ne prolonge pas suffisamment l'action, on n'obtient que de l'acide anthranilique. La réaction, du reste, s'explique d'une manière nette.

En formulant avec M. Dumas l'indigo $C^{32}H^{10}A^{2},O^{2}$ de la manière suivante :

$$C^{28}H^{10}O^{2}$$
$$(C^{4}Az^{2}),$$

on aurait, pour la première action de la potasse hydratée,

$$\begin{matrix} C^{28}H^{10}O^{2} \\ (C^{4}Az^{2}) \\ \text{Indigo.} \end{matrix} + 2H^{2}O = \begin{matrix} C^{28}H^{10}O^{4} \\ (C^{4}Az^{2}) \\ \text{Isatine.} \end{matrix} + H^{4}.$$

L'isatine serait alors détruite à son tour pour fournir de l'acide anthranilique qui ne diffère de l'isatine que par la substitution du radical amidogène au radical cyanogène :

$$\begin{matrix} C^{28}H^{10}O^{4} \\ (C^{4}Az^{2}) \\ \text{Isatine.} \end{matrix} + 4H^{2}O = \begin{matrix} C^{28}H^{10}O^{4} \\ (H^{4}Az^{2}) \\ \text{Acide anthranilique.} \end{matrix} + C^{4}O^{4} + H^{4};$$

l'acide anthranilique serait enfin détruit par la potasse hydratée, et donnerait de l'acide salycilique et de l'ammoniaque.

En effet, on a

$$\begin{matrix} C^{28}H^{10}O^{4} \\ (H^{4}Az^{2}) \\ \text{Acide anthranilique.} \end{matrix} + 2H^{2}O = \begin{matrix} C^{28}H^{12}O^{6} \\ \text{Acide salycilique.} \end{matrix} + Az^{2}H^{6}.$$

Les expériences que nous venons de rapporter conduisent aux conclusions suivantes :

1°. L'huile de *Gaultheria procumbens* a pour composition $C^{32}H^{16}O^{6}$, et donne 4 volumes de vapeur; cette formule est la même que celle de l'acide anisique, de l'acide formobenzoïlique et de l'éther salycilique du méthylène.

C'est donc pour la première fois qu'un véritable éther composé se rencontre tout formé dans l'organisation végétale. Comme cet éther s'obtient d'une manière factice avec l'esprit-de-bois et l'acide salycilique, produits également factices, on voit que les agents de nos laboratoires sont bien plus rapprochés, quant aux effets, qu'on ne l'admet généralement, des agents de la végétation ou de la vie animale.

J'appellerai également l'attention des chimistes sur les caractères singuliers de l'éther dont je viens de décrire l'histoire, sur son isomérie avec un véritable acide et sur les applications que ses métamorphoses promettent à la reproduction artificielle de corps appartenant à des séries différentes.

2°. Sous l'influence des alcalis hydratés, l'huile de *Gaultheria* s'y combine d'abord, et donne ensuite naissance à de l'esprit-de-bois et à un salycilate alcalin en fixant les éléments de l'eau; cette décomposition prouve évidemment que cette huile est chimiquement identique à l'éther salycilique du méthylène qui en partage d'ailleurs toutes les propriétés physiques.

Devons-nous conclure de ces expériences que l'acide salycilique est un acide polybasique, ou devons-nous considérer le salycilate de méthylène comme formant une molécule unique?

Cette dernière opinion me paraît la plus conforme aux faits observés.

3°. Lorsqu'on remplace les alcalis hydratés par des bases anhydres, telles que la baryte par exemple, on obtient de l'anisole $C^{28}H^{16}O^{2}$, comme avec l'acide anisique lui-même.

Ce fait, le premier de ce genre qui ait été signalé, offre un grand intérêt en ce qu'il nous montre que deux corps constitués moléculairement, d'une manière différente, peuvent fournir un même produit sous l'influence du même réactif. Nous voyons, de plus, que l'acide salycilique, par le fait de sa combinaison avec la base méthylique, donne une molécule plus complexe.

4°. Le salycilate de méthylène, isomère de l'acide anisique, comme nous venons de le dire, donne, sous l'influence des agents qui n'attaquent pas le carbone, des produits isomères, mais non identiques avec ceux que l'acide anisique fournit dans les mêmes circonstances.

Ainsi le chlore, le brome et l'acide nitrique fumant produisent les corps $C^{32}(H^{14}Cl^{2})O^{6}$, $C^{32}(H^{14}Br^{2})O^{6}$, $C^{32}(H^{14}X)O^{6}$, dérivés par substitution du type $C^{32}H^{16}O^{6}$, et isomères des acides chloranisique, bromanisique et nitranisique.

5°. Ces curieuses propriétés ne devaient pas se rencontrer seulement dans le salycilate de méthylène; l'analogie faisait prévoir que l'éther salycilique se comporterait de la même manière; c'est ce que l'expérience a pleinement confirmé. L'éther salycilique joue en effet, à l'égard des bases, le rôle d'un véritable acide.

6°. Il était intéressant de savoir comment se comporterait l'amidogène, tant à l'égard du salycilate de méthylène que de ses dérivés. Or, en faisant digérer avec de l'ammoniaque liquide les composés dont il a été précédemment question, on obtient une série d'amides dérivées de l'acide salycilique, de l'acide indigotique, qui sont toutes acides, et qu'on peut considérer comme appartenant au même type.

7°. Dans la théorie de Lavoisier, le salycilate de méthylène et l'éther salycilique sont de véritables sels résultant de l'union d'une base de nature organique avec l'acide salycilique anhydre. Considérées à ce point de vue, les combinaisons que j'ai signalées plus haut seraient de véritables sels doubles.

L'examen des réactions précédentes n'autorise en rien à rejeter cette manière de voir, mais il devient plus facile d'expliquer les résultats qui précèdent à l'aide de la théorie de Davy.

Dans les idées de Davy, en effet, et conformément à la théorie des types établis par M. Dumas, on pourrait considérer l'acide salycilique $C^{28}H^{12}O^{6}$ comme un type dans lequel 1 équivalent de *methylium* $C^{4}H^{6}$ viendrait prendre la place de H^{2} pour former une molécule unique,

$$C^{28} \begin{matrix} H^{10} \\ C^{4}H^{6} \end{matrix} O^{6} = C^{32}H^{16}O^{6}.$$

Ce que nous désignons sous le nom de *salycilate de méthylène* pourrait donc être considéré comme de l'acide salycilique modifié par la substitution de 1 équivalent de *methylium* à 1 équivalent d'hydrogène. La transformation de ce composé en acide salycilique sous l'influence de l'eau et des bases s'expliquerait d'une manière analogue à la décomposition des amides, lorsqu'elles sont placées dans les mêmes circonstances; en effet, on aurait

$$C^{32} \begin{matrix} H^{10} \\ C^{4}H^{6} \end{matrix} O^{6} + H^{2}O + KO = C^{28} \begin{matrix} H^{10} \\ K \end{matrix} O^{6} + C^{4}H^{6}O, H^{2}O.$$

Cette manière d'envisager la constitution du salycilate de méthylène et de l'éther salycilique permet d'expliquer d'une manière simple tous les faits observés.

8°. Le chlore et le brome, en réagissant sur le salycilate de potasse, donnent des résultats semblables à ceux que ces agents fournissent lorsqu'on les met en contact avec le salycilate de méthylène et l'éther salycilique. De part et d'autre, deux molécules de chlore ou de brome viennent prendre la place de deux molécules d'hydrogène. On obtient ainsi des composés représentés par les formules

$C^{24}H^{8}O^{6}$	$C^{28}H^{8}O^{6}$	$C^{28}H^{6}O^{6}$.
K	$(C^{4}H^{6})$	$(C^{8}H^{10})$
Br^{4}	Br^{4}	Br^{4}.

Ces résultats sont d'un haut intérêt en ce que nous voyons le potassium se comporter d'une manière entièrement analogue au méthylium et à l'éthylium.

L'acide salycilique

$$C^{28}H^{12}O^{6}$$

est donc un véritable type dans lequel nous pouvons remplacer 1 équivalent d'hydrogène par 1 équivalent de potassium de méthylium ou d'éthylium, sans que la molécule mère soit aucunement altérée dans ses propriétés fondamentales par l'introduction de ces nouveaux éléments.

9°. L'acide salycilique, mis en présence du chlore ou du brome, perd de l'hydrogène qu'il échange contre des quantités proportionnelles de ces corps simples.

Cet acide, sous l'influence de la chaleur et des bases, perd $C^{4}O^{4}$ et se transforme en hydrate de phényle. Les acides chlorés ou bromés, dérivés de l'acide salycilique, se transforment, en perdant également $C^{4}O^{4}$, en des produits chlorés ou bromés, dérivés de l'hydrate de phényle que M. Laurent a si bien décrit dans un Mémoire publié sur cette matière.

10°. L'étude de l'acide salycilique et des éthers qu'il forme avec l'alcool et de l'esprit-de-bois nous offre donc des relations inattendues et pleines d'intérêt, avec :

1°. L'hydrure de salycile, la salycine, l'acide salycilique ;
2°. La coumarine ;
3°. L'indigo ;
4°. Le phényle ;
5°. L'essence d'anis, l'acide anisique.

D'où l'on voit qu'avec un petit nombre de formules ou radicaux, on peut obtenir, par des substitutions régulières et prévues d'avance, un grand nombre de corps appartenant à la chimie organique.

En terminant ce résumé, je donnerai, sous forme de tableau, les formules qui représentent la composition des principaux produits qui appartiennent à la série salycilique.

$C^{28}H^{12}O^{6}$, acide salycilique, molécule type.

$C^{28}H^{10}O^{6}$, salycilate de méthylène.
$C^{4}H^{6}$

$C^{28}H^{10}O^{6}$, éther salycilique.
$C^{8}H^{10}$

$C^{28}H^{10}O^{6}$, salycilate d'ammoniaque.
$Az^{2}H^{8}$

$C^{28}H^{10}O^{6}$, salycilate de potasse.
K

$C^{28}H^{10}O^{6}$, salycilate d'argent.
Ag

. . . .

$C^{28}H^{10}O^{6}$, acide monochlorosalycilique
Cl^{2}

$C^{28}H^{10}O^{6}$, acide monobromosalycilique.
Br^{2}

$C^{28}H^{8}O^{6}$, acide bichlorosalycilique.
Cl^{4}

$C^{28}H^{8}O^{6}$, acide bibromosalycilique.
Br^{4}

$C^{28}H^{10}O^{6}$, acide mononitrosalycilique (acide indigotique).
$Az^{2}O^{4}$

$C^{28}H^{8}O^{6}$, monochlorosalycilate de méthylène.
Cl^{2}
$C^{4}H^{6}$

$C^{28}H^{6}O^{6}$, bichlorosalycilate de méthylène.
Cl^{4}
$C^{4}H^{6}$

$C^{28}H^{8}O^{6}$, monobromosalycilate de méthylène.
Br^{2}
$C^{4}H^{6}$

$C^{28}H^{6}O^{6}$, bibromosalycilate de méthylène.
Br^{4}
$C^{4}H^{6}$

$C^{28}H^{8}O^{6}$, mononitrosalycilate de méthylène (indigotate de méthylène).
$Az^{2}O^{4}$
$C^{4}H^{6}$

$C^{28}H^{8}O^{6}$, monochlorosalycilate d'éthylène.
Cl^{2}
$C^{8}H^{10}$

$C^{28}H^{6}O^{6}$, bichlorosalycilate d'éthylène.
Cl^{4}
$C^{8}H^{10}$

$C^{28}H^{8}O^{6}$, monobromosalycilate d'éthylène.
Br^{2}
$C^{8}H^{10}$

$C^{28}H^{6}O^{6}$, bibromosalycilate d'éthylène.
Br^{4}
$C^{8}H^{10}$

$C^{28}H^{8}O^{6}$, mononitrosalycilate d'éthylène (éther indigotique).
$Az^{2}O^{4}$
$C^{8}H^{10}$

$C^{28}H^{8}O^{6}$, monochlorosalycilate de potasse.
Cl^{2}
K

$C^{28}H^{6}O^{6}$, bichlorosalycilate de potasse.
Cl^{4}
K

$C^{28}H^{8}O^{6}$, monobromosalycilate de potasse.
Br^{2}
K

$C^{28}H^{6}O^{6}$, bibromosalycilate de potasse.
Br^{4}
K

$C^{26}H^{10}O^{6} + Az^{2}H^{6} = C^{4}H^{6}O, H^{2}O + C^{28}H^{10}O^{4}$, salycilamide.
$C^{4}H^{6}$ Esprit-de-bois. $Az^{2}H^{4}$

$C^{28}H^{10}O^{6} + Az^{2}H^{6} = C^{8}H^{10}O, H^{2}O + C^{28}H^{10}O^{4}$, salycilamide.
$C^{8}H^{10}$ Alcool. $Az^{2}H^{4}$

$C^{28}H^{12}O^{6} - C^{4}O^{4} = C^{24}H^{12}O^{2}$, hydrate de phényle (phénol).

$C^{28}H^{10}O^{6} - C^{4}O^{4} = C^{24}H^{10}O^{2}$, anisol, phénométhol.
$C^{4}H^{6}$ $C^{4}H^{6}$

$C^{28}H^{10}O^{6} - C^{4}O^{4} = C^{24}H^{10}O^{2}$, ..., phénéthol.
$C^{8}H^{10}$ $C^{8}H^{10}$

$C^{28}H^{10}O^{6} - C^{4}O^{4} = C^{24}H^{10}O^{2}$, acide chlorophénasique.
Cl^{2} Cl^{2}

$C^{28}H^{8}O^{6} - C^{4}O^{4} = C^{24}H^{8}O^{2}$, acide chlorophénésique.
Cl^{4} Cl^{4}

$C^{28}H^{6}O^{6} - C^{4}O^{4} = C^{24}H^{6}O^{2}$, acide chlorophénisique.
Cl^{6} Cl^{6}

$C^{28}H^{10}O^{6} - C^{4}O^{4} = C^{24}H^{10}O^{2}$, acide bromophénasique.
Br^{2} Br^{2}

$C^{28}H^{8}O^{6} - C^{4}O^{4} = C^{24}H^{8}O^{2}$, acide bromophénésique.
Br^{4} Br^{4}

$C^{28}H^{6}O^{6} - C^{4}O^{4} = C^{24}H^{6}O^{2}$, acide bromophénisique.
Br^{6} Br^{6}

$C^{28}H^{6}O^{6} - C^{4}O^{4} = C^{24}H^{6}O^{2}$, bichloranisol.
$C^{4}H^{6}$ Cl^{4}
Cl^{4} $C^{4}H^{6}$

$C^{28}H^{6}O^{6} - C^{4}O^{4} = C^{24}H^{6}O^{2}$, bibromanisol.
Br^{4} Br^{4}
$C^{4}H^{6}$ $C^{4}H^{6}$

.... $C^{24}H^{6}O^{2}$, binitranisol.
$2(Az^{2}O^{4})$
$C^{4}H^{6}$

ESSENCE D'ANIS.

Cette huile, qu'on extrait des semences de l'anis (*Pimpinella anisum*), se rencontre dans le commerce sous la forme d'une masse concrète, formée de lamelles cristallines, lorsque la température est inférieure à 15 degrés; au-dessus de ce terme, elle affecte l'état liquide.

La purification de ce produit est d'une extrême simplicité; il suffit, pour cela, de le presser entre des doubles de papier joseph, jusqu'à ce que ce dernier cesse d'être taché; après quoi l'essence est reprise par de l'alcool à 0,85, qui la dissout. En lui faisant subir deux ou trois cristallisations dans ce véhicule, on obtient une substance parfaitement pure, qui possède les caractères suivants :

Elle se présente sous la forme de lamelles blanches douées de beaucoup d'éclat; sa pesanteur spécifique est presque égale à celle de l'eau; elle possède une odeur d'anis plus faible et plus suave que l'huile brute.

Elle est très-friable surtout vers 0 degré, et à des températures inférieures; elle fond à 18 degrés, et bout régulièrement à 222 degrés, température à laquelle elle se volatilise en entier en n'éprouvant qu'une altération insensible.

Exposée pendant très-longtemps au contact de l'oxygène, ou de l'air sec ou humide, cette huile n'éprouve pas d'altération tant qu'elle est à l'état solide; mais, lorsqu'elle est maintenue à l'état liquide, elle s'altère peu à peu, et finit par perdre la propriété de cristalliser. En prolongeant l'expérience pendant deux années, on sait que M. Théodore de Saussure a démontré qu'elle finit par se résinifier.

Le chlore et le brome réagissent avec énergie sur cette substance, et donnent naissance à des produits qui dérivent de l'essence par substitution.

Les alcalis caustiques en dissolution concentrée n'exercent sur elle aucune action à la température de l'ébullition, même par un contact de plusieurs heures; leur dissolution alcoolique se comporte de la même manière. On peut même mettre l'essence en contact avec les alcalis solides à la température à laquelle elle entre en ébullition, sans qu'elle en soit altérée; mais, si l'on suit la méthode qu'ont employée MM. Dumas et Stas dans leurs belles recherches sur l'action réciproque des alcalis et des alcools, on remarque que l'essence s'altère, et donne un produit acide de nature particulière, que je n'ai pu examiner, celui-ci se produisant en quantité très-faible.

Les acides énergiques, tels que les acides sulfurique, phosphorique, etc., la transforment, à froid, en un produit isomérique. Certains chlorures anhydres se comportent de la même manière.

Enfin, les acides oxygénants, et notamment l'acide nitrique, donnent naissance à des résultats intéressants, sur lesquels je donnerai plus bas d'amples détails.

Soumise à l'analyse, cette substance m'a donné les résultats suivants :

I. $0^{gr},400$ d'essence concrète, purifiée par deux cristallisations dans l'alcool, m'ont donné, par leur combustion avec l'oxyde de cuivre, 0,289 d'eau et 1,189 d'acide carbonique.

II. $0^{gr},440$ du même produit m'ont donné 0,320 d'eau et 1,306 d'acide carbonique.

III. $0^{gr},520$ d'un échantillon différent m'ont donné 0,392 d'eau et 1,541 d'acide carbonique.

IV. $0^{gr},360$ d'essence concrète de badiane, purifiée par deux cristallisations dans l'alcool, m'ont donné 0,264 d'eau et 1,069 d'acide carbonique.

V. $0^{gr},385$ d'essence concrète de fenouil qui avait subi une semblable purification m'ont donné 0,279 d'eau et 1,144 d'acide carbonique.

Ces résultats, traduits en centièmes, donnent :

	I.	II.	III.	IV.	V.
Carbone. . . .	81,08	80,91	80,82	80,98	81,03
Hydrogène. . .	8,00	8,08	8,36	8,15	8,02
Oxygène. . . .	10,92	11,01	10,82	10,87	10,95
	100,00	100,00	100,00	100,00	100,00

ce qui s'accorde parfaitement avec la formule $C^{40}H^{24}O^{2}$. En effet, on a

C^{40}	1500	81,08
H^{24}	150	8,10
O^{2}	200	10,82
	1850	100,00

formule qui, de plus, a été contrôlée par la proportion d'acide chlorhydrique sec absorbé par un poids déterminé d'essence concrète, ainsi que par la densité de sa vapeur prise à 100 degrés au-dessus de son point d'ébullition.

Le brome, en réagissant sur l'essence d'anis, produit une matière solide qu'on purifie en lui faisant subir plusieurs cristallisations dans l'éther.

A l'état de pureté, cette substance est incolore et se présente sous la forme de cristaux assez volumineux qui possèdent beaucoup d'éclat. Elle est inodore, très-friable et croque sous la dent. L'eau ne la dissout pas; l'alcool et l'éther la dissolvent facilement. Une température un peu supérieure à 100 degrés suffit pour l'altérer; à la distillation elle se détruit d'une manière complète en laissant dégager de l'acide bromhydrique. Un excès de brome ne paraît pas l'altérer. Je la désignerai sous le nom de *bromanisal.*

Soumise à l'analyse, elle m'a donné les résultats suivants :

I. $0^{gr},500$ de bromanisal m'ont donné, par leur combustion avec l'oxyde de cuivre, 0,122 d'eau et 0,583 d'acide carbonique.

II. $0^{gr},470$ du même produit m'ont donné 0,112 d'eau et 0,539 d'acide carbonique.

III. $0^{gr},530$ d'un échantillon différent m'ont donné 0,127 d'eau et 0,612 d'acide carbonique.

IV. $0^{gr},443$ de matière m'ont donné 0,653 de bromure d'argent, soit 0,274 de brome.

Ce qui donne pour 100 parties

	I.	II.	III.	IV.
Carbone. . . .	31,79	31,28	31,50	»
Hydrogène. . .	2,70	2,64	2,65	»
Oxygène. . . .	»	»	»	»
Brome.	»	»	»	61,85

nombres qui s'accordent parfaitement avec la formule $C^{40}H^{18}Br^{6}O^{2}$. En effet, on a

C^{40}.	1500,0	31,60
H^{18}.	112,5	2,40
Br^{6}.	2934,0	61,80
O^{2}.	200,0	4,20
	4746,5	100,00

Le chlore se comporte d'une manière analogue avec l'essence d'anis; mais avec ce dernier, les résultats sont beaucoup moins nets, et je n'ai pu me procurer, en employant tous les soins possibles, de produit cristallisé.

Action de l'acide sulfurique sur l'essence d'anis concrète.

ANISOÏNE.

Lorsqu'on agite de l'essence d'anis concrète avec de petites quantités d'acide sulfurique concentré, elle s'échauffe beaucoup, et il se développe une belle coloration rouge de sang. Si l'acide est ajouté goutte à goutte et si le vase dans lequel on opère est convenablement refroidi, l'action s'accomplit tout entière, sans qu'il se dégage la moindre trace d'acide sulfureux. Si l'acide a été ajouté en excès, l'essence se trouve complétement dissoute; si on laisse reposer les matières pendant vingt-quatre heures et qu'on ajoute alors de l'eau, on voit nager à la surface du liquide aqueux une matière huileuse qui est de l'essence altérée, tandis qu'une autre portion reste dissoute et constitue probablement un acide copulé analogue à l'acide sulfovinique. Cet acide forme, avec la baryte et la chaux, des substances gommeuses que je n'ai pas examinées. Si l'acide a été ajouté en proportions beaucoup plus faibles, si l'on a employé, par exemple, 1 ½ partie d'acide pour 1 partie d'essence, celle-ci se trouve entièrement transformée en une substance résineuse. En la faisant bouillir longtemps avec de l'eau, on peut lui enlever la majeure partie de l'acide sulfurique qui la souille, mais on ne saurait, par ce moyen, l'en débarrasser d'une manière complète; il faut, pour l'avoir parfaitement pure, recourir à une distillation ménagée du produit brut; mais on perd, par ce moyen, beaucoup de matière; une petite partie passe à la distillation sans s'altérer, tandis que la majeure partie se transforme en une matière huileuse, aromatique, plus pesante que l'eau et possédant exactement la composition de l'essence d'anis.

Ainsi purifiée, cette matière, que je désignerai sous le nom d'*anisoïne,* se présente sous la forme d'une substance solide, parfaitement blanche, inodore, fusible à une température de 100 degrés, plus pesante que l'eau, insoluble dans ce liquide, à peine soluble dans l'alcool, même à chaud, plus soluble dans l'éther et dans les huiles volatiles. Elle se dissout dans l'acide sulfurique concentré, auquel elle communique une coloration d'un beau rouge ; l'eau la précipite de cette dissolution. Sa dissolution éthérée, abandonnée à l'évaporation spontanée, la laisse déposer sous forme de petites aiguilles cristallines. Chauffée fortement au contact de l'air, elle s'enflamme et brûle à la manière des résines, en répandant une odeur aromatique. Enfin nous avons vu que, soumise à la distillation, elle se volatilisait en partie.

Cette substance peut se produire, non-seulement sous l'influence de l'acide sulfurique concentré, mais encore par le contact d'autres acides forts, et notamment par l'action de l'acide phosphorique.

Quelques chlorures anhydres, tels que le bichlorure d'étain et le protochlorure d'antimoine, peuvent aussi faire éprouver à l'essence cette transformation, ainsi que l'a fait observer M. Gerhardt.

Afin de connaître la nature de cette substance, je l'ai soumise à l'analyse et j'ai obtenu les résultats suivants :

I. $0^{gr},289$ de matière m'ont donné 0,212 d'eau et 0,857 d'acide carbonique.

II. $0^{gr},345$ m'ont donné 0,247 d'eau et 1,024 d'acide carbonique.

III. $0^{gr},380$ m'ont donné 0,277 d'eau et 1,130 d'acide carbonique.

Ces résultats, ramenés en centièmes, donnent :

	I.	II.	III.
Carbone	80,87	80,94	81,09
Hydrogène	8,15	8,03	8,09
Oxygène	10,98	11,03	10,82
	100,00	100,00	100,00

résultats qui s'accordent évidemment avec la formule $C^{40}H^{24}O^{2}$. En effet, on a

C^{40}	1500,0	81,08
H^{24}	150,0	8,10
O^{2}	200,0	10,82
	1850,0	100,00

On voit, d'après ces résultats, que l'anisoïne possède une composition en centièmes identique à celle de l'essence d'anis concrète; l'acide sulfurique a donc, dans ce cas, opéré, par son contact avec l'essence, une transformation isomérique. Ce fait n'est pas isolé; sous l'influence de l'acide sulfurique et d'autres agents analogues, certaines essences peuvent éprouver une transformation du même ordre : le camphre, l'hydrure de salycile, etc., nous en offrent des exemples. N'est-il pas probable que, dans les réactions de ce genre, il se forme, par le contact de l'essence et de l'acide, une véritable combinaison qui, détruite par l'action ultérieure de l'eau, fournirait un produit identique au composé primitif par la composition, et qui n'en différerait que par l'arrangement moléculaire.

Action de l'acide nitrique sur l'essence d'anis.

L'acide nitrique, en réagissant sur l'essence d'anis concrète, fournit, suivant son degré de concentration, des produits variables par leur nature, leur composition et leurs propriétés.

Lorsqu'on emploie de l'acide nitrique fumant, ou même un acide d'une concentration supérieure à 36 degrés, il en résulte une action des plus vives; lorsqu'on élève un peu la température du mélange, il se dégage d'abondantes vapeurs rutilantes, et l'on obtient, mais pas toujours, quoiqu'en s'assujettissant à ces conditions, une substance jaune résinoïde, qui paraît dériver de l'essence d'anis par une substitution de vapeur nitreuse à l'hydrogène. Si, au lieu d'employer de l'acide nitrique concentré, comme le précédent, on fait usage d'acide à 34 ou 36 degrés, il en résulte encore une action très-vive : l'essence se transforme bientôt en une substance huileuse rougeâtre, beaucoup plus pesante que l'eau; par l'action prolongée de l'acide nitrique, toute la matière huileuse disparaît, et si, à cette époque, on verse de l'eau sur la liqueur acide, il se dépose bientôt des flocons jaunes abondants, qui constituent un nouvel acide azoté, dont nous parlerons tout à l'heure.

Lorsqu'on fait usage d'acide nitrique d'une densité de 23 à 24 degrés, il en résulte une action beaucoup moins vive que dans les deux cas précédents. Dans cette réaction il se forme deux produits : un liquide rougeâtre pesant, dont nous avons parlé plus haut, et un nouvel acide exempt d'azote, cristallisable en longues et belles aiguilles, volatil sans décomposition, et qui se place naturellement, par l'ensemble de ses caractères, à côté des acides benzoïque, cinnamique, salycilique.

Enfin, lorsqu'on emploie de l'acide nitrique encore plus faible que le précédent, l'huile rouge pesante devient le produit principal. Pensant que cette substance devait être le premier produit de l'oxydation, et qu'en outre elle devait présenter quelque relation simple de composition avec l'acide cristallisable que je désignerai sous le nom d'*acide anisique,* en raison de son origine, je commençai par laver cette huile à plusieurs reprises avec de l'eau distillée, afin de la priver de la majeure partie de l'acide nitrique qu'elle retient assez opiniâtrément; puis je la soumis à une distillation ménagée. J'obtins alors pour résidu, dans le vase distillatoire, une faible quantité d'une matière charbonneuse; le produit condensé dans le récipient contenait deux substances distinctes : l'une, solide et cristallisable, présentait exactement la composition de l'acide anisique dont elle possédait, en outre, toutes les propriétés; l'autre liquide, de couleur rougeâtre, pesante et assez fluide, n'en différait que par une moindre proportion d'oxygène. La séparation de ces produits est facile à effectuer au moyen d'une lessive faible de potasse qui ne dissout que l'acide anisique à froid et laisse l'huile intacte. Cette dernière, lavée à plusieurs reprises à l'eau pure, puis soumise à deux ou trois rectifications ménagées, peut être obtenue dans un état de pureté parfaite.

HYDRURE D'ANISYLE.

Je désignerai provisoirement sous ce nom la matière précédente purifiée, en raison des analogies qu'elle présente avec l'huile d'amandes et l'hydrure de salycile : en effet, elle est à l'acide anisique, comme on le verra tout à l'heure, ce que ce dernier est à l'acide salycilique.

L'hydrure d'anisyle pur est un liquide pesant, dont la densité est plus grande que celle de l'eau. Sa couleur est toujours légèrement ambrée, et se fonce avec le temps. Son odeur est aromatique et ressemble à celle du foin; sa saveur est brûlante.

L'eau en dissout une faible proportion et en acquiert l'odeur; l'alcool et l'éther le dissolvent en toutes proportions; il bout entre 250 et 255 degrés; la potasse même, en dissolution concentrée, ne le dissout pas à froid: par une ébullition soutenue, il finit par disparaître entièrement. Lorsqu'on le laisse tomber sur de l'hydrate de potasse amené à la température de sa fusion, on observe un dégagement d'hydrogène; il s'est formé en outre un sel de potasse soluble dans l'eau. Les acides ajoutés à cette dissolution en séparent des flocons blancs qui, lavés et purifiés soit par cristallisation dans l'alcool, soit par sublimation, présentent exactement la composition et les propriétés de l'acide anisique; l'acide sulfurique, concentré, dissout l'hydrure d'anisyle en se colorant en rouge foncé; l'eau le précipite de cette dissolution. Exposé au contact de l'air, il en absorbe l'oxygène et se transforme en acide anisique. Le chlore et le brome réagissent avec énergie sur cette substance. La matière s'échauffe: il se dégage beaucoup de gaz chlorhydrique ou bromhydrique, et l'on obtient des produits cristallisés dérivés par substitution.

L'ammoniaque caustique le transforme, par un contact prolongé, en une substance cristallisée analogue à la salhydramide.

L'acide nitrique faible le convertit, à l'aide de l'ébullition, en acide anisique; l'acide fumant forme avec lui un produit cristallisable.

Les réactions précédentes indiquent nettement qu'il existe entre cette substance et l'acide anisique, des relations du même ordre que celles qui existent entre l'huile d'amandes amères et l'acide benzoïque, l'hydrure de salycile et l'acide salycilique. L'analyse est venue pleinement confirmer ces vues. En effet, deux échantillons de cette matière m'ont donné, par leur combustion avec l'oxyde de cuivre, les résultats suivants:

I. $0^{gr},475$ de matière ont donné 0,270 d'eau et 1,225 d'acide carbonique.

II. $0^{gr},527$ d'un second échantillon ont donné 0,283 d'eau et 1,360 d'acide carbonique.

III. $0^{gr},433$ du même échantillon ont donné 0,237 d'eau et 1,119 d'acide carbonique.

Ces résultats, traduits en centièmes, donnent :

	I.	II.	III.		Théorie
Carbone	70,34	70,52	70,47	C^{32}. . . .	70,58
Hydrogène. . .	6,30	5,98	6,05	H^{16}. . . .	5,88
Oxygène. . . .	23,36	23,50	23,48	O^{4}. . . .	23,54
	100,00	100,00	100,00		100,00

Or, j'ai constaté qu'il se forme en même temps que ce produit une substance cristallisée qui possède la composition et les propriétés de l'acide oxalique.

La formation de ce produit, au moyen de l'essence d'anis, s'explique facilement ; en effet, on a

$$C^{40}H^{24}O^{2} - C^{8}H^{8} + O^{2} = C^{32}H^{16}O^{4}.$$

Ce produit fixant ensuite deux molécules d'oxygène, à la manière de l'huile d'amandes amères, forme de l'acide anisique.

Action du brome sur l'hydrure d'anisyle.

Lorsqu'on fait tomber goutte à goutte du brome, pur et sec, sur de l'hydrure d'anisyle, il se développe de la chaleur, et d'épaisses vapeurs d'acide bromhydrique se dégagent. Par le refroidissement, la matière s'épaissit et se prend bientôt en une masse cristalline. Si l'on comprime cette dernière entre des doubles de papier à filtre, puis qu'on la lave avec de petites quantités d'alcool froid, on enlève une huile bromée pesante, et l'on obtient pour résidu une matière blanche cristalline, qui présente, avec l'hydrure employé, une relation analogue à celle qu'on observe entre l'hydrure et le bromure de benzoïle.

Soumis à l'analyse, ce composé m'a donné les résultats suivants :

I. $0^{gr},529$ de matière m'ont donné 0,169 d'eau et 0,878 d'acide carbonique.

II. $0^{gr},431$ de matière m'ont donné 0,   d'eau et 0,716 d'acide carbonique.

III. $0^{gr},482$ du même produit m'ont donné 0,420 de bromure d'argent, soit 36,56 de brome.

Ce qui donne en centièmes :

	I.	II.	III.		Théorie.
Carbone	45,35	45,27	»	C^{32}. . .	45,02
Hydrogène. . .	3,54	3,47	»	H^{14}. . .	3,28
Brome.	»	»	36,57	Br^{2} . .	36,69
Oxygène	»	»	»	O^{4}. . .	15,01
					100,00

Action de l'ammoniaque sur l'hydrure d'anisyle.

L'ammoniaque exerce sur l'hydrure d'anisyle une action analogue à celle qu'elle produit avec l'huile d'amandes amères, l'hydrure de salycile, etc.

Lorsqu'on place dans un flacon bouché 1 volume d'hydrure d'anisyle et 5 volumes d'une dissolution aqueuse d'ammoniaque à saturation, on voit, peu à peu, des cristaux très-nets et très-brillants se déposer au fond du liquide huileux. Ces cristaux vont en augmentant de nombre, et, dans l'espace d'un mois environ, l'huile a complétement disparu, pour faire place à une masse solide et cristalline. Celle-ci retient encore un peu d'huile interposée, dont on peut facilement la débarrasser en la comprimant avec des doubles de papier buvard, qui absorbent l'huile et laissent les cristaux, qui présentent la blancheur de la neige.

A l'état de pureté, cette matière est parfaitement incolore, elle se présente sous la forme de prismes durs, doués de beaucoup d'éclat, et qui se laissent facilement réduire en poudre; elle présente une odeur assez faible, mais dont on parvient à la débarrasser très-difficilement. L'eau ne la dissout pas. L'alcool et l'éther la dissolvent à chaud et l'abandonnent par le refroidissement sous forme cristalline. Par évaporation spontanée, on obtient des cristaux plus volumineux et d'une plus grande netteté.

Soumise à l'analyse, cette matière m'a donné :

I. $0^{gr},426$ de matière m'ont donné 0,240 d'eau et 1,156 d'acide carbonique.

II. $0^{gr},575$ de matière m'ont donné 35 centimètres cubes d'azote à la température de 12 degrés et sous la pression de $0^{m},672$, le gaz étant saturé d'humidité.

D'où l'on déduit, pour la composition en centièmes,

	I.	II.		Théorie.
Carbone	73,95	»	C^{96}. . .	74,23
Hydrogène. . .	6,26	»	H^{48}. . .	6,18
Azote..	»	7,26	Az^{4}. . .	7,22
Oxygène	»	»	O^{6}. . .	12,37
				100,00

C'est, comme on le voit, l'analogue de la salhydramide.

Action de la potasse sur l'hydrure d'anisyle.

ACIDE ANISIQUE.

La potasse en dissolution n'exerce aucune action à froid sur l'hydrure d'anisyle si les matières sont placées dans un flacon bien exactement bouché; mais si l'oxygène atmosphérique intervient, la matière s'acidifie peu à peu, et se transforme entièrement en acide anisique, qui s'unit à la potasse.

Lorsqu'on laisse tomber de l'hydrure d'anisyle goutte à goutte sur de l'hydrate de potasse en fusion, chaque goutte se concrète en formant une sorte de végétation, et l'on observe en même temps un dégagement d'hydrogène. En continuant de faire arriver ainsi l'hydrure sur la potasse, les mêmes phénomènes se manifestent, et bientôt on obtient une matière pâteuse. En reprenant la masse alcaline par l'eau, elle se dissout entièrement; si l'on ajoute alors à cette liqueur de l'acide chlorhydrique, il se dépose des flocons abondants d'un blanc jaunâtre. L'acide impur, soumis à d'abondants lavages, puis séché, est enfin repris par l'alcool bouillant, qui le dissout aisément, et l'abandonne par le refroidissement sous la forme d'aiguilles cristallines. On peut encore purifier ce produit par sublimation, il se condense alors, sur les parties froides du vase distillatoire, sous la forme d'aiguilles minces, douées d'un grand éclat.

Cette matière possède tous les caractères que j'ai assignés à l'acide anisique dans mon Mémoire sur l'essence d'anis; elle en possède en outre exactement la composition, ainsi qu'on peut le voir par les analyses suivantes :

I. $0^{gr},580$ de matière m'ont donné 0,276 d'eau et 1,341 d'acide carbonique.

II. $0^{gr},374$ du même produit m'ont donné 0,173 d'eau et 0,867 d'acide carbonique.

III. $0^{gr},622$ d'un échantillon provenant d'une autre préparation m'ont donné 0,284 d'eau et 1,444 d'acide carbonique.

On tire de là, pour la composition en centièmes,

	I.	II.	III.		Théorie.	
Carbone	63,05	63,22	63,28	C^{32}. . .	1200	63,15
Hydrogène. . .	5,28	5,15	5,07	H^{16}. . .	100	5,27
Oxygène. . . .	31,67	31,63	31,65	O^{6} . . .	600	31,58
	100,00	100,00	100,00		1900	100,00

La formation de l'acide anisique dans ces circonstances s'explique de la manière la plus simple et la plus nette. En effet, l'hydrure d'anisyle, agissant à la manière de l'hydrure de salycile, a fixé deux molécules d'oxygène pour fournir l'acide anisique. L'analogie qui existe entre ce produit et l'acide salycilique sous le point de vue de la composition m'a engagé à faire une étude comparative de ces deux acides. On sait que l'acide anisique possède, non-seulement une composition en centièmes identique à celle du salycilate de méthylène, mais que, de plus, l'équivalent chimique de ces deux produits est le même. Néanmoins leur constitution moléculaire est entièrement différente, et, soumis à l'action des mêmes réactifs, ils donnent des résultats dissemblables, excepté dans une seule circonstance, savoir, lorsqu'on fait agir sur eux un alcali anhydre, tel que de la baryte ou de la chaux, on obtient alors une substance parfaitement identique et par la composition et par les propriétés chimiques. Dès lors on peut passer de la série salycilique à des composés appartenant à une série plus complexe, la série anisique.

Les résultats qui vont suivre établiront dans la plupart des points les analogies les plus frappantes dans les acides que je viens de citer, et ils ont ceci de remarquable que, dans les deux cas, ils sont d'une netteté parfaite.

L'acide anisique, de même que l'acide salycilique, est monobasique; mis en présence des acides de la forme MO, il perd une molécule d'hydrogène qu'il échange contre une de métal, tandis qu'un équivalent d'eau se sépare.

On a

$$C^{32}H^{16}O^{6} + MO = \begin{matrix} C^{32}H^{14}O^{6} \\ M \end{matrix} + H^{2}O.$$

Les anisates alcalins et terreux sont solubles et cristallisables; ceux de plomb, de mercure, d'argent, sont insolubles à froid, mais se dissolvent en petite quantité dans l'eau bouillante et se séparent par le refroidissement sous forme cristalline; le sel de plomb affecte la forme d'écailles d'un blanc très-éclatant, le sel d'argent se dépose en fines aiguilles. L'acide anisique se dissout facilement à froid dans l'ammoniaque, la dissolution abandonnée à l'évaporation laisse déposer des cubes volumineux analogues au sel marin; c'est l'un des sels ammoniacaux les plus beaux que l'on connaisse.

Abandonné au contact de l'air, ce sel perd son éclat et se couvre d'une poussière blanche. Soumis à l'analyse, il m'a donné les résultats suivants :

I. $0^{gr},605$ de matière m'ont donné 0,349 d'eau et 1,258 d'acide carbonique.

II. $0^{gr},496$ de matière m'ont donné 31 centimètres cubes d'azote à la température de 10 degrés et sous la pression de $0^{m},765$.

On tire de là, pour la composition en centièmes,

	I	II.	Théorie.		
Carbone. . . .	56,73	»	C^{32}. . .	1200,0	56,79
Hydrogène. . .	6,40	»	H^{22}. . .	137,5	6,50
Azote.	»	8,35	Az^{2}. . .	177,0	8,29
Oxygène. . . .	»	»	O^{6}. . .	600,0	28,42
				2114,5	100,00

Action du brome sur l'acide anisique.

Lorsqu'on verse du brome sur de l'acide anisique réduit en poudre, la masse s'échauffe et donne de l'acide bromhydrique en abondance. Le produit de couleur jaune rougeâtre, qui est le résultat de cette réaction, est d'abord lavé à l'eau pour enlever l'excès de brome, puis repris par l'alcool bouillant.

Ce liquide, en se refroidissant, laisse déposer des aiguilles cristallines que l'on comprime entre des doubles de papier joseph, afin d'absorber une matière jaunâtre qui souille les cristaux. Ceux-ci deviennent parfaitement blancs par une nouvelle cristallisation opérée dans l'alcool.

L'acide bromo-anisique ainsi préparé se présente sous la forme d'aiguilles fines, blanches et très-brillantes. Il fond à une température un peu supérieure à 200 degrés. L'eau à la température de l'ébullition en dissout une faible proportion. L'alcool le dissout assez bien, surtout à chaud. L'éther le dissout assez bien et l'abandonne sous forme de cristaux par évaporation.

L'acide bromo-anisique forme, avec la potasse, la soude, l'ammoniaque, des sels très-solubles et cristallisables.

Cet acide, soumis à l'action de la chaleur, se volatilise sans éprouver d'altération comme l'acide anisique d'où il dérive.

Distillé sur la chaux, il se décompose; il en est de même lorsque l'on soumet un bromanisate alcalin à l'action de la chaleur. On obtient, dans l'un et l'autre cas, un carbonate alcalin pour résidu, tandis qu'il distille un produit bromé qui présente une relation de composition fort simple avec l'acide bromo-anisique.

Cet acide, soumis à l'analyse, m'a donné les résultats suivants :

I. 0gr,608 de matière m'ont donné 0,179 d'eau et 0,928 d'acide carbonique.

II. 0gr,605 d'un second échantillon m'ont donné 0,170 d'eau et 0,930 d'acide carbonique.

III. 0gr,950 du même échantillon m'ont donné 0,776 de bromure d'argent, soit 0,325 de brome, ou 34,21 pour 100.

IV. 0gr,495 d'un troisième échantillon m'ont donné 0,139 d'eau et 0,759 d'acide carbonique.

V. 0gr,538 du même échantillon m'ont donné 0,436 de bromure d'argent, ce qui représente 0,183 de brome, soit 34,01 pour 100.

Ces résultats, traduits en centièmes, conduisent aux nombres suivants :

	I.	II.	III.	IV.	V.		Théorie.
Carbone . . .	41,62	41,90	»	41,76	»	C^{32}. . .	41,92
Hydrogène. .	3,26	3,12	»	3,11	»	H^{14}. . .	3,05
Brome. . . .	»	»	34,21	»	34,01	Br^{2}. . .	34,06
Oxygène. . .	»	»	»	»	»	O^{6}. . .	20,97
							100,00

Ce produit est, comme on le voit, isomère avec le salycilate de méthylène monobromé.

Action du chlore sur l'acide anisique.

Le chlore se comporte, à l'égard de cette substance, de la même manière que le brome. Si l'on verse, par exemple, de l'acide anisique réduit en poudre très-fine dans un flacon rempli de chlore sec, ce gaz est bientôt absorbé, ce qu'on reconnaît à la décoloration de l'atmosphère du flacon, et de l'acide chlorhydrique prend naissance. Lorsque le gaz cesse d'être absorbé, on enlève le mélange de chlore et d'acide chlorhydrique qui se trouvent dans le flacon en y insufflant de l'air sec, on lave ensuite le produit de la réaction avec de l'eau pure, puis on le fait cristalliser à plusieurs reprises dans de l'alcool à 40 degrés.

Ainsi préparé, l'acide chloro-anisique se présente sous la forme d'aiguilles fines et douées de beaucoup d'éclat. Il est insoluble dans l'eau, il se dissout assez facilement dans l'alcool et l'éther, surtout à l'aide de la chaleur. Il ne paraît pas s'altérer lorsqu'on le maintient pendant quelques jours dans une atmosphère de chlore, même sous l'influence de la lumière solaire.

Cet acide fond à la température de 176 degrés environ, et, à une température supérieure, il distille en entier sans éprouver d'altération.

L'acide sulfurique concentré le dissout à l'aide d'une douce chaleur et l'abandonne par le refroidissement sous la forme de fines aiguilles. L'eau, ajoutée à cette dissolution, le précipite entièrement.

L'acide chloro-anisique forme, avec la potasse, la soude, l'ammoniaque, des sels solubles et cristallisables.

Soumis à la distillation sèche, le chloranisate de potasse se décompose; il se dégage une matière liquide contenant du chlore, et qui probablement est de l'anisol monochloré : la cornue renferme un résidu de carbonate de potasse mêlé de charbon.

Soumis à l'analyse, cet acide m'a donné les résultats suivants :

I. 0gr,507 de matière ont donné 0,151 d'eau et 0,817 d'acide carbonique.

II. 0gr,432 du même produit ont donné 0,151 d'eau et 0,817 d'acide carbonique.

III. 0gr,732 de matière ont donné 0,563 de chlorure d'argent, ce qui représente 0,139 de chlore, soit 18,98 pour 100.

Traduits en centièmes, ces nombres donnent :

	I.	II.	III.		Théorie.	
Carbone. . .	51,42	51,51	»	C^{32}. . .	1200,0	51,61
Hydrogène. .	3,86	3,88	»	H^{14}. . .	87,5	3,76
Chlore. . . .	»	»	18,98	Cl^2. . .	442,6	18,81
Oxygène. . .	»	»	»	O^6. . .	600,0	25,82
					2330,1	100,00

Ce composé est donc isomère avec le salycilate de méthylène monochloré.

Action de l'acide nitrique sur l'acide anisique.

ACIDE NITRANISIQUE.

J'ai fait voir qu'en faisant bouillir l'essence d'anis concrète avec de l'acide nitrique à 36 degrés, et prolongeant l'action jusqu'à ce que la matière huileuse qui prend d'abord naissance ait entièrement disparu, l'eau déterminait dans ce liquide acide la précipitation de flocons jaunâtres; ceux-ci constituent l'acide nitranisique impur. Pour le purifier, il faut laver le produit précédent à l'eau distillée jusqu'à ce que les eaux du lavage n'aient plus qu'une saveur à peine acide, dissoudre le produit dans l'ammoniaque, et faire cristalliser le sel qui en résulte jusqu'à ce qu'il soit à peine coloré; le sel ammoniacal ainsi purifié, étant dissous dans l'eau, puis décomposé par un acide, laisse précipiter l'acide nitranisique, qu'on achève de purifier à l'aide des lavages à l'eau distillée.

Ainsi préparé, l'acide nitranisique se présente sous la forme d'une substance d'un blanc légèrement jaunâtre; il est très-peu soluble dans l'eau, même chaude. L'eau bouillante qui en est saturée l'abandonne, par le refroidissement, sous forme de petites aiguilles brillantes. L'alcool le dissout assez bien à chaud. Si la liqueur est suffisamment concentrée par le refroidissement, elle se prend en masse; mais si elle est étendue, l'acide se dépose, par évaporation spontanée, sous forme cristalline. Soumis à une distillation ménagée, une partie de cet acide se sublime sous forme d'une poudre légère d'un blanc jaunâtre, tandis qu'une autre partie noircit et se décompose en répandant une odeur suffocante. Lorsqu'on le distille avec de la baryte caustique, celle-ci devient incandescente; il se dégage d'abondantes fumées noires, et il se dépose beaucoup de charbon. Cet acide forme avec la potasse, la soude et l'ammoniaque, des sels très-solubles; avec la baryte, la strontiane, la chaux, la magnésie, des sels peu solubles; avec les oxydes de plomb et d'argent, des sels insolubles.

L'analyse de cet acide m'a fourni les résultats suivants:

I. $0^{gr},435$ de matière m'ont donné 0,134 d'eau et 0,779 d'acide carbonique.

II. $0^{gr},522$ du même produit m'ont donné 0,159 d'eau et 0,928 d'acide carbonique.

III. $0^{gr},454$ du même produit m'ont donné 28 centimètres cubes d'azote à la température de 14 degrés et sous la pression de $0^{m},758$.

Ces résultats, traduits en centièmes, donnent :

	I.	II.	III.		Théorie.
Carbone....	48,78	48,68	»	C^{32}...	48,73
Hydrogène...	3,42	3,38	»	H^{14}...	3,55
Azote......	»	»	7,25	Az^{2}...	7,11
Oxygène....	»	»	»	O^{10}...	40,61
					100,00

Ce composé ne diffère donc de l'acide anisique dont il dérive, que par la substitution d'une molécule de vapeur nitreuse à une molécule d'hydrogène. Il est, comme on le voit, isomère de l'indigotate de méthylène.

ÉTHER ANISIQUE.

Si l'on dissout de l'acide anisique dans de l'alcool absolu, en ayant soin que ce liquide en soit presque saturé à la température de 50 à 60 degrés, puis qu'on fasse passer à travers cette dissolution un courant de gaz chlorhydrique sec, jusqu'à ce qu'il cesse d'être absorbé, on obtient une liqueur qui fume à l'air, mais d'où l'eau précipite de l'acide anisique intact. Si l'on soumet, au contraire, à la distillation le produit précédent, il passe d'abord de l'éther chlorhydrique, puis de l'alcool et en dernier lieu une huile pesante qu'on débarrasse de l'alcool de l'acide chlorhydrique et de l'acide anisique qui pourraient le souiller, en le lavant d'abord avec une dissolution de carbonate de soude, puis avec de l'eau pure. On le sèche ensuite, lorsqu'il est ainsi purifié, en le faisant digérer sur du chlorure de calcium fondu, puis on le distille.

Ainsi préparé, l'éther anisique se présente sous la forme d'un liquide incolore doué d'une odeur analogue à celle de l'essence d'anis. Sa saveur est chaude et aromatique; il est plus pesant que l'eau.

Il bout à la température de 250 à 255 degrés environ.

Il est insoluble dans l'eau; l'alcool et l'éther le dissolvent, au contraire, avec facilité; placé dans des flacons bien bouchés, il ne s'altère pas. Dans des vases où l'air peut avoir accès, il s'acidifie à la longue. Une dissolution de potasse le décompose facilement à la température de l'ébullition, en régénérant de l'alcool et de l'acide anisique. Le chlore et le brome, par leur contact avec cet éther, donnent des produits cristallisés qui en dérivent par la substitution d'une molécule de chlore ou de brome à une molécule d'hydrogène.

L'acide nitrique fumant se comporte d'une manière analogue; il dissout l'éther anisique avec dégagement de chaleur; de l'eau ajoutée à la liqueur acide en sépare des flocons cristallisés; la substance née de ce contact, ne diffère de la matière primitive que par la substitution d'une molécule de vapeur nitreuse à une molécule d'hydrogène.

L'ammoniaque liquide ne dissout pas l'éther anisique, et ne paraît d'abord lui faire éprouver aucune altération; mais, à la longue, l'éther finit par disparaître et se trouve transformé en une belle substance cristallisée en longues aiguilles: c'est de l'anisamide.

Soumis à l'analyse, l'éther anisique m'a donné les résultats suivants :

I. $0^{gr},489$ de matière ont donné 0,299 d'eau et 1,193 d'acide carbonique.
II. $0^{gr},612$ du même produit ont donné 0,372 d'eau et 1,495 d'acide carbonique.

Ces résultats, traduits en centièmes, donnent :

	I.	II.		Théorie.	
Carbone.	66,51	66,61	C^{40}.	1500	66,70
Hydrogène. . . .	6,79	6,74	H^{24}.	150	6,67
Oxygène.	26,70	26,65	O^{6}.	600	26,63
	100,00	100,00		2250	100,00

et s'accordent parfaitement avec les anciennes analyses de ce produit que j'ai publiées dans mon Mémoire sur l'essence d'anis.

Action du brome sur l'éther anisique.

Lorsqu'on verse du brome goutte à goutte dans de l'éther anisique pur et privé d'eau, le liquide s'échauffe beaucoup; de l'acide bromhydrique se dégage en abondance, et bientôt la masse entière se solidifie. Le produit brut est lavé d'abord avec de l'eau pour le débarrasser du brome excédant et de l'acide bromhydrique; puis comprimé entre des doubles de papier buvard, on le dissout ensuite dans l'alcool bouillant qui le laisse déposer, par le refroidissement, sous la forme d'aiguilles blanches et brillantes; une nouvelle cristallisation opérée dans ce véhicule donne une substance d'une pureté parfaite. Ainsi préparé, l'éther bromanisique se présente sous la forme de lamelles blanches très-éclatantes. Il fond à une température assez basse et se volatilise à une température plus élevée; l'eau ne le dissout pas; il se dissout facilement dans l'alcool et dans l'éther, surtout à chaud. Un excès de brome ne paraît pas l'altérer; la potasse le détruit à l'aide de la chaleur en régénérant de l'alcool et de l'acide bromanisique.

Ce composé peut s'obtenir encore en faisant passer un courant de gaz chlorhydrique sec à travers une dissolution d'acide bromanisique dans l'alcool absolu. Le produit ainsi préparé, purifié par des lavages à l'eau alcaline, puis à l'eau pure, et enfin par quelque cristallisation dans l'alcool, possède les mêmes caractères que le précédent.

Soumis à l'analyse, il m'a donné les résultats suivants :

I. $0^{gr},574$ de matière ont donné, par leur combustion avec l'oxyde de cuivre, 0,225 d'eau et 0,978 d'acide carbonique.

II. $0^{gr},428$ du même échantillon ont donné 0,168 d'eau et 0,731 d'acide carbonique.

III. $0^{gr},920$ du même produit ont donné 0,669 de bromure d'argent; ce qui représente 0,281 de brome, soit 30,54 pour 100.

Ces nombres, traduits en centièmes, donnent :

	I.	II.	III.		Théorie.	
Carbone. . . .	46,46	46,57	»	C^{40}. . . .	1500,0	46,68
Hydrogène. . .	4,35	4,40	»	H^{22}. . . .	137,5	4,28
Brome.	»	»	30,54	Br^{2} . . .	978,0	30,40
Oxygène. . . .	»	»	»	O^{6}. . . .	600,0	16,64

Le chlore exerce sur l'éther anisique une action toute semblable à celle du brome.

Lorsqu'on verse de l'éther anisique bien pur dans un flacon rempli de chlore sec, il se dépose bientôt sur les parois une substance cristallisée en aiguilles brillantes; on le purifie comme le produit précédent, à l'aide d'une ou deux cristallisations dans l'alcool.

Soumis à l'analyse, il m'a donné :

I. $0^{gr},428$ de matière ont donné 0,197 d'eau et 0,878 d'acide carbonique.

II. $0^{gr},598$ du même produit ont donné 0,392 de chlorure d'argent ; ce qui représente 0,097 de chlore, soit 16,22 pour 100.

On tire de là, pour la composition en centièmes,

				Théorie.	
Carbone.	55,93	C^{40}.	1500,0	56,07
Hydrogène.	5,07	H^{22}.	137,5	5,14
Chlore.	16,22	Ch^{2}	442,6	16,36
Oxygène	22,78	O^{6}.	600,0	22,43
	100,00		2680,1	100,00

Action de l'acide nitrique fumant sur l'éther anisique.

ÉTHER NITRO-ANISIQUE.

L'éther anisique se dissout dans l'acide nitrique concentré, et sous l'influence de la chaleur il perd 1 équivalent d'hydrogène, qu'il échange contre 1 équivalent de vapeur nitreuse. Lorsqu'on fait passer un courant de gaz chlorhydrique sec dans de l'alcool absolu tenant en dissolution l'acide nitranisique, le liquide s'échauffe, prend une teinte jaunâtre, tandis qu'il se dégage un mélange d'acide et d'éther chlorhydrique.

On continue de faire passer ainsi le courant de gaz, jusqu'à ce que celui-ci cesse d'être absorbé, en ayant soin d'entretenir la température du liquide à 60 ou 70 degrés environ. Si l'on ajoute alors de l'eau à la liqueur alcoolique, il se sépare une matière jaunâtre sous forme de flocons épais et volumineux; ceux-ci sont lavés avec une eau ammoniacale, afin de les débarrasser de l'acide nitranisique qui a pu échapper à la réaction; on lave ensuite la matière à l'eau pure, afin d'enlever l'excès d'ammoniaque; on la sèche, puis on la fait cristalliser dans l'alcool. On obtient, au moyen de deux ou trois cristallisations opérées dans ce véhicule, une substance d'une pureté parfaite.

Le produit ainsi purifié se présente sons la forme de larges tables tres-éclatantes et d'une grande beauté. Il fond à la température de 98 à 100°.

La potasse en dissolution alcoolique le décompose rapidement, en régénérant de l'alcool et de l'acide nitranisique, qui s'unit à l'alcali.

L'acide sulfurique concentré dissout facilement ce composé, surtout à l'aide d'une douce chaleur, et l'abandonne sous forme de petits cristaux par le refroidissement.

Lorsqu'on ajoute de l'eau à la liqueur acide, l'éther se précipite en entier sous la forme de flocons qui possèdent la composition et les propriétés de la matière primitive.

Le brome ne paraît faire éprouver aucune altération à l'éther nitranisique.

On peut encore obtenir ce composé en traitant l'éther anisique par l'acide nitrique fumant. Si l'on mêle parties égales environ d'éther anisique et d'acide nitrique fumant, l'éther se dissout entièrement dans l'acide avec dégagement de chaleur; en ajoutant de l'eau à la liqueur acide, il se sépare des flocons qui, bien lavés et purifiés par cristallisation, possèdent tous les caractères ainsi que la composition du produit précédent. Celui-ci peut donc s'obtenir à volonté, soit en mettant en présence les éléments qui servent à le produire, soit en faisant agir l'acide nitrique sur l'éther anisique, considéré comme molécule unique.

Ce composé donne, à l'analyse, les résultats suivants :

I. $0^{gr},470$ de matière ont donné 0,220 d'eau et 0,915 d'acide carbonique.

II. $0^{gr},528$ de matière ont donné 0,244 d'eau et 1,029 d'acide carbonique.

III. $0^{gr},482$ du même produit ont donné 25 centimètres cubes d'azote à la température de 13 degrés, et sous la pression de $0^{m},762$.

Ces résultats, traduits en centièmes, donnent :

	I.	II.	III.	Théorie.		
Carbone. . . .	53,09	53,15	»	C^{40}. . .	1500,0	53,33
Hydrogène. . .	5,19	5,12	»	H^{22}. . .	137,5	4,88
Azote.	»	»	6,15	Az^{2}. . .	177,0	6,22
Oxygène. . . .	»	»	»	O^{16}. . .	1000,0	35,57
					2814,5	100,00

Anisate de méthylène.

Lorsqu'on mêle 2 parties d'esprit-de-bois anhydre, 1 partie d'acide anisique cristallisé et 1 partie d'acide sulfurique concentré, il se développe une couleur rouge carmin très-intense et très-riche. Si l'on soumet ce mélange à une distillation ménagée, il passe dans le récipient d'abord de l'esprit, puis bientôt après une huile pesante, qui ne tarde pas à se concréter : c'est de l'anisate de méthylène impur.

Pour le purifier, on le lave d'abord avec une dissolution chaude de carbonate de soude, puis avec de l'eau pure; enfin, on le fait cristalliser à deux ou trois reprises dans l'alcool ou l'éther.

Ainsi préparé, ce produit se présente sous la forme de larges aiguilles blanches et brillantes.

Il fond entre 46 et 47 degrés, et se prend, par le refroidissement, en une masse blanche cristalline. Il bout vers 230 à 235 degrés et distille sans altération.

L'eau ne le dissout pas, même à chaud; l'alcool et l'éther le dissolvent en forte proportion, surtout à l'aide de la chaleur.

Son odeur suave et faible a de l'analogie avec celle de l'essence d'anis. Sa saveur est chaude et brûlante.

Ce produit ne forme pas, avec la potasse et la soude, des combinaisons à la manière du salycilate de méthylène, ainsi que je l'avais cru tout d'abord. Ce qui m'avait induit en erreur, c'est que le produit brut qui, au moment de sa formation, reste quelquefois assez longtemps liquide, s'était subitement concrété par l'addition de quelques gouttes de potasse. L'acide salycilique est donc le seul acide, jusqu'à présent, qui soit susceptible de former des éthers capables de s'unir aux bases, et de donner naissance à des composés qui se comportent comme de véritables sels.

Pour un grand nombre de substances organiques, il existe des cas d'isomérie qui sont souvent même assez nombreux. En traitant par l'acide nitrique un mélange d'hydrogènes carbonés provenant de la distillation des schistes, M. Laurent a signalé la formation d'un acide qu'il désigne sous le nom d'*acide ampélique*. Celui-ci possède exactement la composition de l'acide salycilique. Son équivalent est le même, mais ses propriétés sont différentes; d'après l'ensemble de ses caractères, je serais assez disposé à penser que dans la série $C^{28} H^{12} O^{6}$, son groupement correspond à celui de l'acide anisique. Si je parviens à reproduire cette matière, dont la préparation, d'après M. Laurent, est fort difficile, je me propose de le comparer à l'acide anisique dont il semble plus rapproché que l'acide salycilique.

Une dissolution concentrée de potasse décompose l'anisate de méthylène à l'aide de l'ébullition, en régénérant de l'esprit-de-bois et de l'acide anisique. Le chlore et le brome réagissent avec énergie sur cette matière; il se dégage des acides chlorhydrique et bromhydrique en abondance, et l'on obtient des produits cristallisés qui dérivent de l'anisate de méthylène par substitution. Lorsqu'on ajoute à cet éther de l'acide nitrique fumant par petites portions, une action assez vive se manifeste; afin de modérer celle-ci, il faut avoir soin de refroidir le vase qui contient les matières réagissantes; par le refroidissement la liqueur se prend en masse. Celle-ci, lavée à l'eau pure, puis reprise par l'alcool bouillant, laisse déposer de belles aiguilles jaunâtres dont la composition ne diffère de celle du produit primitif que par la substitution de 1 équivalent de vapeur nitreuse à 1 équivalent d'hydrogène.

Soumis à l'analyse, ce produit m'a donné les résultats suivants :

I. $0^{gr},608$ de matière ont donné 0,325 d'eau et 1,447 d'acide carbonique.

II. $0^{gr},512$ du même produit ont donné 0,283 d'eau et 1,218 d'acide carbonique.

III. $0^{gr},473$ d'un second échantillon ont donné 0,263 d'eau et 1,124 d'acide carbonique.

Ce qui donne, pour la composition en centièmes,

	I.	II.	III.		Théorie.	
Carbone . .	64,94	64,87	64,80	C^{36}. . .	1350	65,05
Hydrogène.	6,11	6,13	6,17	H^{20}. . .	125	6,02
Oxygène. .	28,95	29,00	29,03	O^{6}. . .	600	28,97
	100,00	100,00	100,00		2075	100,00

Ce produit possède exactement la composition de l'éther salycilique dont il diffère toutefois entièrement par l'ensemble de ses propriétés.

Le chlore, le brome, l'acide nitrique se comportent avec l'anisate de méthylène de la même manière qu'avec l'éther anisique. Des composés semblables à ceux que venons de décrire prenant naissance, leurs propriétés sont entièrement comparables, ce qu'on pouvait facilement prévoir.

Je n'ai examiné sur le point de vue de la composition que deux de ces combinaisons, savoir : le bromanisate et le nitranisate de méthylène.

Le *bromanisate de méthylène* se prépare en versant du brome goutte à goutte sur de l'anisate de méthylène ; la matière fond par suite de la température assez élevée développée par la réaction de l'acide bromhydrique, se dégage, et l'on obtient, par le refroidissement, une masse jaune-rougeâtre, qu'on débarrasse de l'acide bromhydrique et du brome en excès, qu'elle contient par des lavages à l'eau, et dont dont on achève la purification à l'aide de quelques cristallisations dans l'alcool. Le produit à l'état de pureté se présente sous la forme de petits prismes incolores et transparents. L'eau ne le dissout pas. L'alcool et l'esprit-de-bois le dissolvent assez bien, surtout à chaud : il se dissout moins facilement dans l'éther.

Bouilli avec une dissolution concentrée de potasse, il se décompose en régénérant de l'esprit-de-bois ; il se forme en même temps du bromanisate de potasse. Ce composé peut s'obtenir directement en faisant bouillir une dissolution d'acide bromanisique dans l'esprit-de-bois anhydre avec une petite quantité d'acide sulfurique concentré.

On entretient l'ébullition au bain-marie pendant un quart d'heure environ ; en ajoutant au liquide deux ou trois fois son volume d'eau, on précipite d'abondants flocons qu'on lave avec de l'eau ammoniacale, puis avec de l'eau pure. La matière séchée est alors reprise par de l'alcool concentré et bouillant ; par le refroidissement de la liqueur, la combinaison se sépare sous forme de cristaux qu'on sèche entre des doubles de papier buvard.

Soumis à l'analyse, ce composé m'a donné :

I. 0^{gr},434 de matière m'ont donné 0,149 d'eau et 0,705 d'acide carbonique.

II. 0^{gr},738 du même produit m'ont donné 0,566 de bromure d'argent, ce qui représente 0,238 de brome, soit 32,26 pour 100.

Ces résultats, ramenés en centièmes, donnent :

		Théorie.		
Carbone.	44,27	C^{36}. . . .	1350,0	44,44
Hydrogène. . . .	3,81	H^{18}. . . .	112,5	3,70
Brome.	32,26	Br^{2}. . . .	978,0	32,09
Oxygène.	19,66	O^{6}. . . .	600,0	19,77
	100,00		3040,5	100,00

Placé dans un flacon de chlore sec, l'anisate de méthylène perd de l'hydrogène, qui passe à l'état d'acide chlorhydrique et prend du chlore en formant une combinaison cristallisée, qui, sous l'influence de la potasse et de la chaleur, se convertit en esprit-de-bois et en chloranisate de potasse.

Le *nitranisate de méthylène* se prépare, soit en éthérifiant l'acide nitranisique en le faisant bouillir avec un mélange d'acide sulfurique à 66 degrés et d'esprit-de-bois anhydre, soit en dissolvant l'anisate de méthylène dans de l'acide nitrique fumant, précipitant le produit formé par l'eau, et achevant de le purifier en le faisant cristalliser à plusieurs reprises dans l'alcool.

Préparé par l'un ou l'autre de ces procédés, le nitranisate de méthylène se présente sous la forme de larges lames jaunâtres, présentant la plus exacte ressemblance avec l'éther nitranisique. Il fond vers 100 degrés et distille à une température supérieure.

L'eau ne le dissout pas. L'alcool et l'esprit-de-bois le dissolvent facilement à chaud; il se sépare presque en entier de ces dissolvants par le refroidissement.

La potasse le décompose, à l'aide de la chaleur, en esprit-de-bois et acide nitranisique.

Soumis à l'analyse, il m'a donné les résultats suivants :

I. $0^{gr},470$ de matière ont donné 0,189 d'eau et 0,892 d'acide carbonique.

II. $0^{gr},514$ du même produit ont donné 0,205 d'eau et 0,979 d'acide carbonique.

III. $0^{gr},592$ du même produit ont donné 34 centimètres cubes d'azote, à la température de 12 degrés et sous la pression de $0^{m},761$, le gaz étant saturé d'humidité.

On tire de là, pour la composition en centièmes,

	I.	II.	III.		Théorie.	
Carbone. . .	51,76	51,94	»	C^{36}. . .	1350,0	52,17
Hydrogène. .	4,46	4,42	»	H^{18}. . .	112,5	4,34
Azote. . . .	»	»	6,85	Az^{2}. . .	177,0	6,76
Oxygène. . .	»	»	»	O^{10}. . .	1000,0	36,73
					2639,5	100,00

Ce produit possède donc et la même composition brute et le même équivalent chimique que l'éther indigotique, dont il diffère toutefois complétement et par la forme cristalline et par l'ensemble des propriétés chimiques.

Essence de fenouil amer.

L'essence de fenouil amer est formée, pour la plus grande partie, de deux huiles : l'une, que l'on peut obtenir assez facilement à l'état de pureté, et qui possède la même composition que l'essence d'anis concrète; l'autre, qu'il est beaucoup plus difficile de purifier, paraît posséder la même composition que les essences de citron et de térébenthine, mais peut-être avec un état de condensation différent.

L'huile la moins volatile est liquide, même à la température de — 10 degrés : sa pesanteur spécifique est un peu moindre que celle de l'eau; elle entre en ébullition vers la température de 228 degrés. Traitée par l'acide nitrique, faible ou concentré, elle donne naissance aux mêmes produits que l'essence d'anis concrète. L'acide sulfurique la transforme également en anisoïne; mais traitée par le brome, elle donne un produit liquide et visqueux qu'il est très-difficile de purifier. Cette substance, qui se rapproche tant de l'essence d'anis concrète, par l'ensemble des propriétés chimiques, a été soumise à l'analyse; elle m'a donné les résultats suivants :

I. 0^{gr},370 de matière m'ont donné 0,277 d'eau et 1,111 d'acide carbonique.

II. 0^{gr},406 m'ont donné 0,291 d'eau et 1,204 d'acide carbonique.

Ce qui, ramené en centièmes, donne :

	I.	II.	Théorie.
Carbone. . . .	81,14	80,87	81,08
Hydrogène. . .	8,23	7,97	8,10
Oxygène. . . .	10,63	11,16	10,82

Or, ces analyses démontrent évidemment que cette substance a la même composition que l'essence d'anis concrète.

L'essence d'anis nous offre donc un curieux exemple d'isomérie, car nous voyons deux produits naturels, fournis par des plantes d'une même famille, l'un liquide à — 10 degrés, l'autre solide à + 16 degrés, donner, sous l'influence des mêmes réactifs, des composés identiques. De plus, ils engendrent tous deux, sous l'influence de l'acide sulfurique concentré, un même produit isomère, l'anisoïne, qui diffère entièrement de l'essence d'anis par ses propriétés, et qui fournit à la distillation une matière huileuse qui en diffère essentiellement aussi, quoique douée d'une composition identique.

La partie la plus volatile de l'huile de fenouil amer bout vers 190 degrés ; elle possède exactement la composition de l'essence de térébenthine.

Lorsqu'on fait arriver lentement un courant de bioxyde d'azote dans cette huile, elle s'épaissit, se trouble, et l'alcool, à 0,80, détermine la précipitation d'une matière blanche, soyeuse, qu'on purifie par des lavages réitérés à l'aide de ce véhicule. Elle se présente alors sous la forme de fines aiguilles d'apparence soyeuse, insolubles dans l'eau et l'alcool affaibli. L'alcool absolu dissout cette matière en faible proportion ; l'éther la dissout mieux et l'abandonne sous forme de cristaux très-brillants.

Soumise à l'analyse, elle fournit des résultats qui conduisent à la formule

$$C^{30}A^{24},\ Az^{4}O^{4}.$$

Ce qui ferait de ce produit une combinaison analogue aux camphres artificiels de citron et de térébenthine.

Outre les deux huiles dont je viens de faire une étude détaillée, il en est un grand nombre qui fournissent comme elle des résultats d'une parfaite netteté, et que je voudrais pouvoir examiner dans cette Thèse d'une manière sommaire en raison de leur importance.

Ne pouvant tracer ici l'histoire de ces produits nombreux étudiés par des chimistes habiles, et qui pour la plupart présentent un intérêt puissant, je me propose de les diviser en groupes bien définis, et de passer en revue les propriétés les plus saillantes de chacun d'eux.

C'est par cette discussion que je terminerai cette Thèse; qu'il me soit permis ici de me livrer à quelques considérations générales.

Ces huiles si diverses peuvent, pour la plupart, se ramener à un petit nombre de types bien définis, ainsi que l'a proposé M. Dumas, et l'on peut, dans l'état actuel de nos connaissances sur ces produits, établir, en ce qui les concerne, une classification fort simple, entièrement basée sur l'observation des faits.

Je diviserai donc ces composés en quatre genres, ainsi qu'il suit :

Genre	Produit	Formule
1°. GENRE *HYDROCARBURE.*	Essence de térébenthine . . .	$C^{40}H^{32}$;
	Essence de poivre	$C^{30}H^{24}$;
	Essence de citron.	$C^{20}H^{16}$;
	Essence d'orange.	$C^{20}H^{16}$;
	Cymène.	$C^{40}H^{28}$;
	Etc., etc.	
2°. GENRE *ALCOOL*	Huile de pomme de terre. . .	$C^{20}H^{20}$, H^4O^2;
	Etc., etc.	
3°. GENRE *ALDÉHYDE* . . .	Essence d'amandes amères . .	$C^{28}H^{12}O^2$;
	Essence de cannelle	$C^{36}H^{16}O^2$;
	Essence de cumin	$C^{40}H^{24}O^2$;
	Etc., etc.	
4°. GENRE *ACIDE*	Huile volatile d'ulmaire. . . .	$C^{28}H^{12}O^4$;
	Huile volatile de piment . . .	$C^{40}H^{24}O^4$;
	Huile volatile de girofle. . . .	$C^{40}H^{24}O^4$.

On pourrait alors placer dans une catégorie spéciale les essences diverses qui, par l'ensemble de leurs caractères, ne sauraient encore aujourd'hui trouver place dans les groupes précédents.

Quant aux essences sulfurées, elles forment un groupe à part, dont nous dirons quelques mots en terminant, après avoir soumis à un examen attentif les différents genres que nous venons d'établir.

Les huiles volatiles qui appartiennent aux quatre premiers groupes présentent des réactions de la plus grande netteté; aussi leur étude a-t-elle jeté beaucoup de lumière sur la constitution des matières organiques.

Cette classification établie, nous allons passer en revue ces différents genres; et tout d'abord nous examinerons les *huiles hydrocarbonées*.

Les diverses huiles volatiles qui appartiennent à ce groupe sont comprises dans un petit nombre de formules ordinairement fort simples; ces composés présentent, en outre, des cas d'isomérie nombreux et pleins d'intérêt.

Il existe, par exemple, un nombre considérable d'huiles volatiles, représentées par la formule $C^{40}H^{32}$, qui correspond à 4 volumes de vapeur; les huiles de térébenthine, de citron, d'orange, de copahu, de poivre, de cubèbes, etc., sont dans ce cas.

On observe, il est vrai, des différences dans le point d'ébullition, la densité, le pouvoir réfringent, la chaleur spécifique, etc., de ces différents produits; mais ces différences sont très-faibles, et ne sauraient établir de distinctions nettes entre eux.

L'action que l'acide chlorhydrique sec exerce sur ces différents carbures d'hydrogène permet, au contraire, de les classer en trois catégories bien distinctes. Ainsi, qu'on fasse arriver ce gaz bien pur, et complétement desséché, dans les essences de térébenthine, de cubèbes et de citron, convenablement refroidies, et dans les trois cas on obtiendra, d'une part, un produit cristallin; de l'autre, un résidu liquide; en apparence, les résultats sont donc les mêmes, mais l'analyse nous apprend qu'il n'en est pas ainsi.

La matière cristalline résulte bien, dans les trois cas, de l'union de l'acide chlorhydrique avec le carbure d'hydrogène; mais, si l'on compare les proportions de ce dernier, qui s'unissent à un poids donné d'acide chlorhydrique, on trouve qu'elles sont dans les rapports de $\frac{1}{2}$, $\frac{2}{3}$, 1, c'est-à-dire que la composition de ces produits peut être représentée par les formules

$C^{40}H^{32}, Cl^2H^2$	$C^{30}H^{24}, Cl^2H^2$	$C^{20}H^{16}, Cl^2H^2$
Camphre de térébenthine.	Camphre de cubèbes.	Camphre de citron.

Ainsi, bien que ces composés renferment le carbone et l'hydrogène dans le même rapport, bien que l'état de condensation soit le même de part et d'autre, il faut néanmoins admettre que leur constitution moléculaire intime est différente, puisque leur pouvoir saturant n'est pas le même. Les combinaisons liquides qui prennent naissance en même temps que les produits cristallisés nous offrent des résultats semblables.

Ainsi, pour les carbures d'hydrogène de la forme

$$C^5H^4,$$

il existe trois types bien distincts qu'on peut représenter ainsi :

$$C^{20}H^{16}, \qquad C^{30}H^{24}, \qquad C^{40}H^{32}.$$

On peut passer du dernier groupement moléculaire au premier, ainsi que cela résulte des expériences de M. Deville. Ce chimiste a fait voir, en effet, que l'hydrate d'essence de térébenthine cristallisé, qu'on peut obtenir si facilement par la méthode de M. Wiggers, étant traité par le gaz chlorhydrique sec, donne une combinaison cristallisée qui n'est pas le chlorhydrate d'essence de térébenthine, $CH^{40}H^{32}$, Cl^2H^2, comme on aurait pu s'y attendre, mais bien le chlorhydrate d'essence de citron $C^{20}H^{16}$, Cl^2H^2. Ce dernier, décomposé par la chaux vive, à l'aide de la chaleur, reproduit en effet le citrène doué de l'odeur suave qui le caractérise. Ce résultat est d'une haute importance, puisqu'il nous apprend qu'il est possible d'opérer, à l'aide des réactifs, la transmutation d'un produit naturel en un autre produit également fourni par la nature.

Ce sont probablement des différences entre l'arrangement des molécules, différences trop faibles pour rompre l'équilibre du groupement $C^{20}H^{16}$ ou $C^{40}H^{32}$, qui distinguent ces variétés qu'on rencontre dans un si grand nombre d'espèces végétales.

Les produits naturels représentés par la formule $C^{40}H^{32}$ s'altèrent facilement sous l'influence des différents agents chimiques; en présence de quelques-uns, ils éprouvent de simples modifications isomériques: c'est ainsi que l'essence de térébenthine se transforme en colophène et térébène, sous l'influence de l'acide sulfurique concentré.

Est-ce un simple phénomène de contact, comme on en a tant signalé depuis quelques années, qui produit dans la circonstance actuelle ce changement moléculaire; ou bien s'est-il formé tout d'abord entre l'acide minéral et l'huile hydrocarbonée une combinaison que la chaleur est venue détruire ensuite, en mettant en liberté non plus l'huile primitive, mais des produits dans lesquels les atomes sont différemment groupés.

C'est à cette dernière hypothèse que M. Deville s'est arrêté. Il admet qu'au contact de l'acide, l'huile naturelle s'est partagée en deux produits isomériques: le térébène et le camphène; résultat que cette huile nous offre, du reste, sous l'influence d'autres acides.

Le sulfate de térébène, qui ne présente qu'un assez faible stabilité, se détruirait bientôt sous l'influence de la chaleur, et la portion qui échapperait à l'action décomposante de l'acide passerait à la distillation; tandis que le sulfate de camphène, beaucoup plus stable, ne se détruirait qu'à une température plus élevée. Mais, à cette température, le camphène, à l'état naissant, éprouverait une condensation double et donnerait naissance au colophène.

L'expérience est d'accord avec cette manière de voir, et, en effet, les premiers produits ne renferment guère que du térébène; le colophène, au contraire, distille en abondance à la fin de l'opération.

Ces deux produits, d'après les observations de M. Deville, prennent encore naissance dans la distillation de la colophane, résultat important à prendre en considération dans la discussion relative à la formation des résines.

La transformation du camphène en colophène n'est pas un fait isolé, et la production de l'éther et de ses analogues repose absolument sur les mêmes principes.

Toutes les huiles hydrocarbonées naturelles forment avec l'acide chlorhydrique des combinaisons liquides et cristallisées; celles-ci, distillées sur des bases telles que la potasse, la baryte, la chaux, se détruisent en produisant des chlorures alcalins; tandis qu'il passe à la distillation une huile formée de carbone et d'hydrogène, présentant exactement la composition de l'huile primitive, mais constituée moléculairement d'une manière différente. Ainsi, l'huile de térébenthine, telle qu'on l'extrait de la matière molle qui exsude des pins par la distillation avec de l'eau, jouit de la propriété de dévier le plan de polarisation vers la droite; tandis que les huiles qu'on retire de la distillation du camphre artificiel liquide ou cristallisé sur la chaux vive, sont entièrement dépourvues de cette propriété. Les huiles hydrocarbonées, séparées de l'acide chlorhydrique auquel elles étaient unies, peuvent se combiner de nouveau avec ce gaz; les chlorhydrates qui en résultent fournissent, lorsqu'on les distille ensuite sur de la chaux, des produits doués de la même composition, mais dont l'arrangement moléculaire est différent. L'essence de térébenthine nous offre donc un exemple de polymérie des plus remarquables. Ses congénères, essence de citron, cubèbes, etc., jouissent de propriétés analogues à celles que nous venons de décrire.

En général, les carbures d'hydrogène produits artificiellement (naphtalène, benzène, naphtène, cumène, etc.), possèdent une stabilité beaucoup plus considérable que ceux qui ont été produits au sein de la végétation, comme si ces derniers conservaient encore ce cachet particulier qui distingue les matières qui ont pris naissance sous l'influence de la vie.

Il est encore une remarque que je dois faire ici, c'est que les hydrogènes carbonés qui accompagnent les huiles volatiles oxygénées possèdent une stabilité plus considérable que les autres. Exemple: cymène, camomillène, valérène, etc.

Les carbures d'hydrogène naturels, en présence de l'oxygène et de la vapeur d'eau contenus dans l'atmosphère, peuvent fixer l'un ou l'autre de ces éléments, ou tous deux à la fois, et produire soit des résines, soit de véritables hydrates. Ainsi, la plupart des huiles de la famille des Labiées présentent une composition telle qu'on peut les considérer comme formées de l'union du carbure $C^{40}H^{32}$ avec des quantités variables d'eau. Les essences d'absinthe, de cajeput, etc., offrent même une composition telle, qu'on peut les représenter par la formule

$$C^{40}H^{32}, H^{4}O^{2}.$$

Ces composés, qu'on a cru pouvoir assimiler jusqu'à un certain point aux alcools, se détruisent lorsqu'on les distille sur l'acide phosphorique anhydre, ce dernier fixant les deux molécules d'eau $H^{4}O^{2}$, tandis que le carbure $C^{40}H^{32}$ *devient libre.*

La formation des résines est elle-même liée sans doute d'une manière simple à l'existence de ces carbures d'hydrogène, qui les accompagnent toujours en proportions plus ou moins fortes; ici se présente néanmoins une difficulté sérieuse sur la dérivation de ces produits. D'après M. Henri Rose, la colophane, ou pour mieux dire, les acides pinique et sylvique qu'elle renferme, résulteraient d'une simple oxydation des carbures d'hydrogène contenus dans la térébenthine; tandis qu'en partant des analyses de MM. Dumas, Laurent, Blanchet et Sell, le carbone et l'hydrogène ne se retrouveraient plus dans ces résines dans le même rapport que dans l'huile de térébenthine. Les analyses de ces chimistes semblent indiquer, en effet, qu'il y a eu perte d'hydrogène et substitution d'oxygène.

Tant que la quantité d'oxygène fixée est proportionnelle à la quantité d'hydrogène enlevée, la résine est parfaitement neutre : c'est ce qu'on observe dans les produits désignés sous le nom de *sous-résines*. S'il y a fixation d'un excès d'oxygène, la résine qui prend naissance jouit, au contraire, de propriétés acides.

Quel que soit le mode de dérivation qu'on admette, et, pour ma part, je suis disposé à adopter le dernier, il n'en demeure pas moins à peu près constant que le carbure d'hydrogène est le point de départ de la formation de ces différents produits.

En voyant les carbures d'hydrogène naturels fournir, sous l'influence des réactifs qui déterminent soit une fixation d'eau, soit une fixation d'oxygène, des composés qui présentent la plus exacte ressemblance soit avec certaines huiles volatiles oxygénées naturelles, soit avec les résines, il paraît, en effet, assez rationnel de penser que les carbures d'hydrogène sont les premiers produits élaborés par le végétal, et que les composés oxygénés de nature semblable qui les accompagnent sont le résultat d'une action secondaire.

Le carbure d'hydrogène $C^{40} H^{32}$ peut donc être considéré comme le centre d'une foule de composés qui en dérivent soit en se constituant moléculairement d'une manière différente, soit en s'oxygénant ou fixant les éléments de l'eau.

Ainsi, pour n'en citer qu'un exemple, le *bornéène*

$$C^{40} H^{32} = 4 \text{ volumes de vapeur,}$$

placé dans des circonstances convenables, fixe deux molécules d'eau et produit le *bornéol*

$$C^{40} H^{32}, H^{4} O^{2} = 4 \text{ volumes de vapeur.}$$

Celui-ci, distillé sur des substances déshydratantes, peut restituer l'eau, qu'il retient en combinaison, en laissant dégager le bornéène intact.

Ce même bornéol, soumis à des influences oxydantes, perd de l'hydrogène qui se brûle sans remplacement, et donne naissance au camphre des Laurinées. J'ai tout lieu de croire que, dans ce cas, l'action se porte sur le carbure d'hydrogène $C^{40} H^{32}$ qui, perdant H^{4}, devient alors $C^{40} H^{28}$ (camphogène, cymène). Ce dernier, restant uni aux deux molécules d'eau, constituerait le camphre ordinaire; et ce qui prouve évidemment qu'il doit en être ainsi, c'est que ce dernier, à son tour, traité par l'acide phosphorique anhydre, lui cède les deux molécules d'eau qu'avait fixées le bornéène en laissant dégager le carbure $C^{40} H^{28}$.

Le camphre $C^{40} H^{32} O^{2}$ ne saurait donc être considéré comme un oxyde du radical $C^{40} H^{32}$, et, en effet, on n'a pu jusqu'à présent produire cette combinaison par oxydation directe; tout porte à croire, au contraire, que c'est un carbure d'hydrogène hydraté.

Les carbures d'hydrogène compris dans la formule $C^{40}H^{32}$ ne sont pas les seuls que la nature nous présente. Il en existe un second, $C^{40}H^{28}$, qui ne diffère du précédent que par deux molécules d'hydrogène, et qu'on peut considérer à son tour comme un chef de famille.

Celui-ci, en gagnant H^4O^2, donne le camphre des Laurinées; en perdant H^4 et gagnant O^2, il produirait $C^{40}H^{24}O^2$, substance neutre comme le carbure d'hydrogène dont elle dérive, qui représente la composition des essences d'anis, de badiane, de fenouil, d'estragon, de cumin, etc., qui sont identiques au point de vue analytique, mais dont la constitution moléculaire est entièrement différente.

Ainsi, tandis que le produit oxygéné des essences d'anis, de badiane et de fenouil doux est solide, cristallisable et fusible à + 18 degrés seulement, le principe oxygéné des essences de fenouil amer et d'estragon est encore liquide à — 12 degrés. Néanmoins ces deux produits, quoique présentant des différences dans les propriétés physiques, donnent les mêmes résultats sous l'influence des réactifs.

L'essence de cumin, liquide comme celle de fenouil amer et d'estragon, se comporte d'une manière toute différente. Ainsi, tandis que les essences d'anis et de fenouil peuvent être distillées sur de l'hydrate de potasse chauffé à 250 degrés, sans éprouver la plus légère altération, l'essence de cumin, au contraire, placée dans les mêmes circonstances, décompose l'eau de l'hydrate alcalin, en fixe l'oxygène, et se transforme en un acide qui présente, avec l'essence, une relation fort simple. En effet, on a

Essence de cumin....... $C^{40}H^{24}O^2$,
Acide cuminique........ $C^{40}H^{24}O^4$.

L'acide nitrique étendu, bouilli avec l'essence de cumin, la transforme pareillement en acide cuminique en lui fournissant de l'oxygène. Avec les essences d'anis, de badiane, de fenouil, d'estragon, les choses se passent tout autrement; tandis que dans le cas précédent deux molécules d'oxygène s'ajoutent au type

$$C^{40}H^{24}O^2,$$

ici la molécule est altérée dans son essence; elle se dédouble en

$$C^8 H^8 + C^{32} H^{16} O^2.$$

$C^8 H^8$ se brûle en donnant de l'acide carbonique et de l'acide oxalique; $C^{32} H^{16} O^2$ fixe d'abord deux molécules d'oxygène en produisant un liquide huileux, pesant, analogue à l'hydrure de salycile et à l'essence d'amandes amères, puis ce dernier absorbe plus tard, à son tour, deux nouvelles molécules d'oxygène en donnant un produit solide cristallisable, l'acide anisique.

On a donc les trois produits successifs

$$C^{32} H^{16} O^2,$$
$$C^{32} H^{16} O^4,$$
$$C^{32} H^{16} O^6,$$

qui présentent un phénomène d'oxydatoin analogue à ceux que nous offrent les corps de la nature minérale.

Si, en même temps que le carbure d'hydrogène $C^{40} H^{28}$ perd H^4 et gagne O^2, il fixe en outre de l'oxygène, alors le produit présente les caractères qui distinguent les acides.

C'est ainsi que l'essence de girofle, qu'on peut considérer comme dérivant; de même que les produits précédents, du carbure $C^{40} H^{28}$, présente tous les caractères d'un véritable acide.

Les essences de cumin et de girofle proviennent toutes deux des semences de plantes qui appartiennent à une même famille, celle des Ombellifères; elles ne diffèrent l'une de l'autre que par deux molécules d'oxygène. En effet, on a

$C^{40} H^{24} O^2$, essence de cumin;

$C^{40} H^{24} O^4$, essence de girofle (acide cariophyllique).

La première peut, ainsi que nous l'avons vu plus haut, fixer deux molécules d'oxygène sous l'influence de l'acide nitrique faible, de l'acide chromique, de l'hydrate de potasse, et fournir une substance cristalline acide isomérique avec l'acide cariophyllique, présentant, en outre, la même capacité de saturation que ce dernier, mais qui en diffère essentiellement par les caractères physiques et chimiques.

Ce qui sert surtout à différencier ces deux produits, c'est la résistance que présente l'acide cuminique aux agents d'oxydation, tandis que l'acide cariophyllique se dédouble avec une extrême facilité sous les mêmes influences, pour se résoudre en des composés très-simples; c'est ainsi que l'acide nitrique, même étendu, réagit avec violence sur ce produit en fournissant une abondante cristallisation d'acide oxalique.

L'isomérie, cette propriété si curieuse, et qui nous est entièrement inconnue dans son essence, se rencontre à chaque pas dans les huiles volatiles; l'examen comparatif des propriétés physiques de ces sortes de produits nous conduira sans doute à des résultats importants, mais qu'il serait difficile de prévoir, aucune recherche n'ayant été jusqu'à présent entreprise dans cette voie.

Les groupements $C^{36} H^{16} O^2$ et $C^{28} H^{12} O^2$, qui constituent les types de séries cinnamique et benzoïque, dérivent peut-être aussi d'hydrogènes carbonés ayant pour composition $C^{36} H^{20}$ et $C^{28} H^{16}$. Peut-être encore dérivent-ils d'hydrogènes carbonés polymériques $C^{24} H^{12}$ et $C^{32} H^{16}$, unis à 1 équivalent d'oxyde de carbone; mais ce sont là de pures spéculations qui ne m'arrêteront pas plus longtemps.

L'expérience nous apprend qu'à mesure que l'oxygène s'accumule dans un composé, le point d'ébullition s'élève et la stabilité diminue; ainsi le carbure d'hydrogène $C^{40} H^{28}$ bout à 165 degrés; les essences de cumin et d'anis, qui n'en diffèrent que par la substitution de deux molécules d'oxygène à deux molécules d'hydrogène, n'entrent en ébullition qu'à une température de 225 à 228 degrés. L'essence de girofle qui renferme deux molécules d'oxygène de plus que ces derniers, bout à une température encore plus élevée vers 255 à 260 degrés. Lorsqu'au lieu d'une substitution d'oxygène, il y a fixation d'eau, le point d'ébullition s'élève encore, mais moins que dans le cas précédent; ainsi, tandis que les corps du groupe $C^{40} H^{24} O^2$ bouillent à une température de 225 à 228 degrés, le camphre, qu'on peut considérer, par quelques-unes de ses réactions, comme appartenant à la même famille, et qui serait alors représenté par la formule $C^{40} H^{28}$, $H^4 O^2$, bout à 204 degrés.

Lorsqu'on soumet une huile volatile à la distillation, on voit le point d'ébullition de cette dernière varier d'une manière très-notable; ce qui s'explique facilement, le produit naturel étant presque toujours un mélange en proportions variables de diverses substances inégalement volatiles. Mais, lorsque les divers principes qui constituent une huile essentielle ont été isolés, on trouve encore que ceux-ci présentent des variations souvent assez notables dans leur point d'ébullition; celui-ci s'élève graduellement, et l'on obtient presque toujours un résidu foncé visqueux, plus ou moins abondant. Lorsqu'on opère cette distillation dans un courant d'hydrogène ou d'acide carbonique, on n'observe plus d'aussi grandes variations dans le point d'ébullition; l'essence se colore à peine et le résidu devient presque insignifiant. L'air intervient donc dans ces sortes de distillations en fournissant de l'oxygène qui modifie la matière huileuse. Néanmoins il n'en est pas toujours ainsi, et lorsqu'on analyse l'huile qui a distillé à diverses températures, on lui trouve souvent une composition identique; ce qui semblerait indiquer que la chaleur produit, dans ces sortes de composés, des transformations polymériques.

Le genre hydrocarbure, que nous venons d'examiner d'une manière sommaire, est sans contredit l'un des plus importants de la grande famille des huiles essentielles, en ce que, d'une part, la nature nous le présente en grande abondance, et parce qu'en outre, il est accompagné de produits qui présentent toujours, avec les composés qui le constituent, des relations fort simples, et qui doivent en dériver soit par substitution, soit par fixation d'eau, ou bien encore par la perte d'un certain nombre d'équivalents de carbone et d'hydrogène. On n'a pu jusqu'à présent démontrer bien nettement la dérivation de ces produits, sauf dans quelques cas très-rares (en hydrure de cinnamyle et de benzoïle), mais il faut avouer que les investigations ont été fort peu dirigées de ce côté.

Le *genre alcool* ne s'est pas encore rencontré tout formé dans la nature. La seule huile essentielle qui présente manifestement ces caractères, l'huile volatile de pomme de terre, est une substance qui, loin d'être produite sous l'influence des forces vitales, est, au contraire, engendrée par une force qui agit en sens inverse, force qui tend à détruire des molécules complexes pour les ramener à des formes plus simples.

L'huile de pomme de terre résulte, en effet, de la fermentation du glucose opérée dans des circonstances qu'on n'a pu saisir encore. Sa production fut observée pour la première fois par M. Dubrunfaut qui en fit la découverte dans les résidus des eaux-de-vie de pomme de terre. M. Payen ayant signalé dans la fécule impure la présence d'une huile volatile âcre, analogue à la précédente, on fut conduit à conclure que cette huile, existant toute formée dans la fécule, passait dans l'alcool produit, et présentant une volatilité moindre que ce dernier, devait nécessairement se trouver dans le résidu de la distillation.

Cette huile, qu'on rencontre encore dans l'eau-de-vie de grains, a été retrouvée plus récemment par M. Balard dans la lie du vin et le marc de raisin où elle accompagne l'éther œnanthique; enfin, on vient encore plus récemment d'en signaler la présence dans les résidus des distilleries de mélasse.

Ces faits prouvent jusqu'à l'évidence que cette huile est un produit de la fermentation du glucose, soit que celui-ci existe tout formé comme c'est le cas du grain de raisin, soit qu'il se produise par la saccharification de la fécule, ainsi qu'il arrive pour la pomme de terre et les céréales. L'alcool ordinaire et l'huile de pomme de terre dérivent très-probablement d'un même produit, le sucre; en partant de cette hypothèse ingénieuse qu'on doit à M. Dumas, on s'expliquerait facilement la formation de plusieurs produits naturels très-importants, et notamment des différents acides gras qu'on peut considérer eux-mêmes comme dérivés de divers alcools, ainsi que M. Dumas l'a si bien établi dans un Mémoire sur la formation des matières grasses.

En adoptant cette manière de voir, on concevrait de même la production de l'esprit-de-bois le plus simple des alcools, et par suite la formation, au sein de la végétation, d'un éther composé qui en dérive, le salycilate de méthylène; l'acide et la base prenant naissance dans le même végétal, et se présentant ensemble à l'état naissant, condition qui, comme on le voit, est la plus favorable pour que les réactions chimiques s'accomplissent.

Ce serait un des problèmes de chimie organique des plus intéressants à résoudre que la production des différents alcools au moyen du glucose. On n'a jusqu'à présent fait fermenter cette substance que sous la pression atmosphérique, et dans cette circonstance on a produit l'alcool vinique, qui paraît le plus stable dans ces conditions; peut-être, en faisant varier la pression, obtiendrait-on les divers alcools, ou du moins quelques-uns d'entre eux; peut-être est-ce encore à l'état particulier du ferment qu'il faut attribuer ces différences : ce sont évidemment là des sujets de recherches qui méritent d'être entreprises.

En considérant les divers alcools comme des bihydrates, ces composés renfermeraient tous un radical polymérique contenant le carbone et l'hydrogène dans le rapport d'équivalent à équivalent, mais avec un état de condensation différent. Il y a plus de vingt ans, M. Chevreul proposa de considérer l'alcool vinique comme un hydrate de gaz oléfiant, et, partant de cette hypothèse, représenta la composition équivalente de ce produit par la formule

$$C^8H^8 + H^4O^2.$$

Les nombreux travaux entrepris par M. Dumas sur cette matière ont pleinement confirmé ces vues, qui furent alors adoptées par la pluralité des chimistes. Ce ne fut que plus tard que M. Liebig et quelques chimistes de l'école allemande, partant des vues ingénieuses d'Ampère sur l'ammonium et la constitution des sels ammoniacaux, imaginèrent de regarder l'alcool comme l'hydrate de l'oxyde d'un métal composé, auquel ils donnèrent le nom d'*éthyle*, assimilant ainsi l'alcool aux hydrates des oxydes alcalins.

Si l'alcool soumis à des influences déshydratantes laisse séparer tout son oxygène à l'état d'eau, cela tiendrait, d'après quelques chimistes, non à ce que cette eau existât toute formée, mais bien à l'affinité, pour cette eau, du réactif mis en présence de l'alcool, et qui en a déterminé la séparation. Cette dernière manière de voir n'est nullement conforme aux faits, et, d'après mes propres expériences, nombre de substances volatiles renfermant dans leurs molécules 2 équivalents d'oxygène, comme l'alcool, ou n'éprouvent aucune altération de la part d'agents éminemment avides d'eau, tel que l'acide phosphorique, et tel est le cas de l'anisole; ou bien éprouvent une décomposition complète, le réactif employé amenant une perturbation complète dans l'équilibre des molécules de la substance organique. C'est ainsi que se comportent les essences d'amandes amères, de cannelle, etc. Quelque idée qu'on se fasse de la nature intime des alcools, il n'en demeure pas moins constant que ces composés sont les seuls qui, sous l'influence des corps avides d'eau, perdent leur oxygène sous cette forme.

La solution d'un problème aussi compliqué, dans l'état actuel de nos connaissances sur la constitution des matières organiques, est difficile à trouver. Aussi tous les efforts des chimistes les plus habiles n'ont-ils pu parvenir à résoudre une question qui, durant plusieurs années, a fait l'objet constant de leurs recherches. Dans l'ignorance où nous nous trouvons aujourd'hui sur la constitution rationnelle des composés organiques, l'hypothèse de M. Chevreul est encore celle qui mérite la préférence, en raison de son extrême simplicité.

Il demeure bien constaté, par l'ensemble de mes recherches et par celles plus récentes et fort étendues qu'on doit à M. Balard, que l'huile de pomme de terre est un véritable alcool isomorphe avec l'alcool ordinaire, susceptible de donner une série de composés qui correspondent parfaitement aux combinaisons éthérées fournies par l'alcool et l'esprit-de-bois. L'huile de pomme de terre a pris rang parmi les composés organiques les mieux définis; son histoire, presque aussi complète aujourd'hui que celle de l'alcool, montre, de la manière la plus nette, que les substances organiques étudiées avec soin nous présentent entre elles de ces rapprochements qu'on observe dans la chimie minérale. L'esprit-de-bois, l'alcool, l'huile de pomme de terre et l'éthal nous offrent, en effet, un ensemble de composés susceptibles d'être obtenus avec facilité, et présentant entre eux les analogies les plus complètes et des réactions d'une parfaite netteté.

Ces quatre corps constituent une famille analogue à celle qui comprend le chlore, le brome, l'iode et le fluor; et l'on peut dire que l'histoire d'une de ces matières étant faite, il ne reste en quelque sorte qu'à changer les noms pour avoir celle des autres.

La distillation de l'huile de pomme de terre sur l'acide phosphorique anhydre ou le chlorure de zinc fondu, fournit un résultat curieux, savoir, la production de trois carbures d'hydrogène polymériques, dans lesquels la condensation varie comme les nombres 1, 2, 4. Le premier correspond au gaz oléfiant dans la série amilique; les deux autres correspondraient à des alcools de la forme

$$C^{40}H^{40},H^4O^2, \quad \text{et} \quad C^{80}H^{80},H^4O^2.$$

Ces résultats, observés par M. Balard, méritent d'être notés, car ils démontrent, ainsi que quelques autres du même genre, qu'il n'est pas exact de dire, d'une manière absolue, que les réactions chimiques, à l'inverse des forces naturelles, détruisent les molécules complexes pour les ramener à des formes plus simples; nous voyons le contraire s'opérer avec l'amilène, qui se transforme en *paramylène* et *métamylène;* la transformation de l'hydrure de benzoïle en benzoïne, de l'aldéhyde en métaldéhyde, de l'acide cyanique en acide cyanurique, etc., sont du même ordre, et les exemples tendent à se multiplier de jour en jour.

On serait, au premier abord, tenté de ranger dans le groupe des alcools quelques autres huiles essentielles, et notamment l'huile d'absinthe, le camphre des Laurinées, le camphre de Bornéo. Ces composés, qui sont représentés par les formules

$$C^{40}H^{32}O^2 \quad \text{et} \quad C^{40}H^{36}O^2,$$

peuvent, en effet, s'unir à l'acide sulfurique pour former des composés acides, et de plus, traités par l'acide phosphorique anhydre ou le chlorure de zinc, ils se résolvent en eau et en carbure d'hydrogène; mais ici s'arrêtent les analogies que présentent ces substances avec celles que nous avons désignées sous le nom d'*alcools :* aussi je pense qu'il est préférable de placer ces différents composés dans le groupe des huiles dont la constitution est encore incertaine, jusqu'à ce que de nouvelles expériences soient venues nous éclairer sur leur nature intime.

Il est bien remarquable que, jusqu'à présent, tous les composés qui se comportent entièrement à la manière de l'alcool vinique, renferment un carbure d'hydrogène polymérique du gaz oléfiant, et que nul autre carbure d'hydrogène, uni à 2 molécules d'eau, ne manifeste de semblables propriétés.

En regardant avec M. Chevreul les divers alcools comme formés de carbure d'hydrogène unis à 2 molécules d'eau, et par conséquent analogues aux camphres artificiels formés par les essences de térébenthine et de citron, les combinaisons éthérées qui en dérivent peuvent se représenter de la manière la plus simple, puisqu'il suffit, en partant des combinaisons du méthylène, de remplacer $C^4 H^4$ par ce même produit deux fois, cinq fois ou seize fois plus condensé pour représenter les composés correspondants dérivés des autres alcools.

Dans cette théorie, la plus simple de toutes, le méthylène $C^4 H^4$ est le radical de l'esprit-de-bois, le gaz oléfiant $(C^4 H^4)^2$ celui de l'alcool, l'amylène $(C^4 H^4)^5$ et le cétène $(C^4 H^4)^{16}$ sont les radicaux de l'huile de pomme de terre et de l'éthal. Les composés désignés sous les noms d'*huile douce de vin*, d'*huile de vin légère*, qui se forment en même temps que le gaz oléfiant lorsque l'alcool est soumis à l'action de certains réactifs et d'une température de 160 à 180 degrés, sont évidemment des produits pyrogénés, qui n'ont rien de commun avec la substance primitive, bien qu'ils soient polymères avec le radical; je ferai les mêmes observations à l'égard du paramylène et du métamylène.

Nul doute qu'en examinant de près les produits de la décomposition de l'alcool par l'acide phosphorique ou les chlorures anhydres, on n'obtienne le gaz de Faraday, qui se produit dans la distillation des huiles grasses qui renferment, comme on sait, le carbone et l'hydrogène sensiblement dans les mêmes proportions que le gaz oléfiant.

L'éther lui-même n'est-il pas un produit pyrogéné, qu'il serait plus rationnel de considérer comme représenté par la formule

$$C^{16}H^{20}O^{2}$$

que par la formule

$$C^{8}H^{10}O\ ?$$

Les résultats observés récemment par M. Malaguti, en ce qui concerne l'action du chlore sur ce produit, donnent une assez grande probabilité à cette manière de voir. La constitution la plus probable de l'éther me paraît être la suivante :

$$C^{4}H^{8}O^{2},C^{4}H^{12};$$

ce qui en ferait un composé résultant de l'union de l'aldéhyde avec un hydrogène sesquicarboné intermédiaire entre le gaz des marais et le gaz oléfiant.

M. Regnault a fait voir le premier que, sous l'influence du chlore et des rayons solaires, l'éther perd tout son hydrogène, et se convertit en un composé représenté par la formule

$$C^{8}Cl^{10}O.$$

M. Malaguti, qui depuis a répété les expériences de M. Regnault, a seulement obtenu, dans quelques cas, du sesquichlorure de carbone en opérant sous l'influence d'une forte insolation. Tout récemment, il vient de reproduire l'éther perchloré en quantité assez abondante pour en faire une étude approfondie. Dans un Mémoire publié il y a cinq mois environ, il a fait voir que ce composé se dédouble, sous l'influence des réactifs, en aldéhyde perchlorée et en sesquichlorure de carbone. Ces faits démontrent donc jusqu'à l'évidence que, quelle que soit l'idée qu'on se forme de la constitution de l'éther, sa formule doit être doublée.

Maintenant que M. Balard nous a fait connaître l'éther de l'huile de pomme de terre, reste à faire une étude comparative de ce produit et de l'éther ordinaire ; car c'est de la comparaison des propriétés des composés, dont l'analogie est incontestable, que nous devons tirer des inductions propres à nous éclairer sur leur nature. Nul doute qu'entre des mains aussi habiles que celles de M. Balard, il ne sorte de cette étude comparée des résultats importants.

Les huiles qui appartiennent au *genre aldéhyde* se rencontrent tantôt toutes formées dans les végétaux : tel est le cas, par exemple, des essences de cannelle et de cumin; et tantôt elles prennent naissance dans des circonstances analogues à la fermentation alcoolique. C'est ainsi que l'huile d'amandes amères se produit par la décomposition qu'éprouve l'amygdaline, principe azoté cristallisable des amandes amères en présence de la synaptase et de l'eau.

Ces composés, qu'on peut considérer comme le terme intermédiaire entre l'alcool et l'acide qui leur correspondent, présentent tous la plus parfaite analogie avec l'aldéhyde vinique; et, en effet, tandis que cette dernière $C^8 H^8 O^2$ prend 2 molécules d'oxygène pour se transformer en $C^8 H^8 O^4$, acide acétique,

$C^{28} H^{12} O^2$, aldéhyde benzoïque..	fixent également	$C^{28} H^{12} O^4$, acide benzoïque;
$C^{36} H^{16} O^2$, alhédyde cinnamique.	2 moléc. d'oxygène	$C^{36} H^{16} O^4$, acide cinnamique;
$C^{40} H^{24} O^2$, aldéhyde cuminique..	pour donner	$C^{40} H^{24} O^4$, acide cuminique.

Ces produits sont assez répandus dans le règne végétal, et nul doute qu'ils ne soient la source de quelques acides volatils d'odeur si repoussante qu'on rencontre dans certains végétaux, et dont la racine de valériane nous offre un exemple. Il existe en effet, dans cette dernière, une véritable aldéhyde, $C^{24} H^{20} O^2$, qui, perdant C^4 et gagnant O^2, se transforme en $C^{20} H^{20} O^4$, qui représente la composition de l'acide valérianique. Les fleurs de camomille contiennent également un acide volatil libre, qui dérive évidemment d'un produit analogue, ainsi que cela résulte de mes expériences. L'essence d'angélique donnerait, d'après Buchner, un résultat semblable.

Ces aldéhydes perdent toutes, avec facilité, 1 molécule d'hydrogène qu'elles échangent contre 1 molécule de chlore, de brome, d'iode, de soufre ou de cyanogène, ce qui avait conduit MM. Liebig et Wöhler à considérer l'huile d'amandes amères, véritable type de ces composés, comme formée d'un radical ternaire auquel ils donnèrent le nom de *benzoïle*. L'huile volatile d'amandes amères devenait l'hydrure de ce radical, et l'on avait alors la série suivante :

$C^{28}H^{10}O^{2}$?, benzoïle; radical hypothétique.
$C^{28}H^{10}O^{2} + H^{2}$, hydrure.
$C^{28}H^{10}O^{2} + Cl^{2}$, chlorure.
$C^{28}H^{10}O^{2} + Br^{2}$, bromure.
$C^{28}H^{10}O^{2} + I^{2}$, iodure,
$C^{28}H^{10}O^{2} + O$, oxyde; acide benzoïque anhydre.
$C^{28}H^{10}O^{2} + O + H^{2}O$, acide benzoïque cristallisé.

Plus tard, M. Dumas proposa de considérer le carbure d'hydrogène

$$C^{28}H^{10}$$

comme le radical commun de toutes ces combinaisons;

$$C^{28}H^{10}O^{2} \quad \text{et} \quad C^{28}H^{10}O^{4}$$

devenaient alors, dans cette série, des analogues de l'oxyde de carbone et de l'acide carbonique. Les chlorure et bromure de benzoïle pouvaient s'écrire ainsi :

$$2C^{28}H^{10}O^{3},\ C^{28}H^{10}Cl^{6},$$
$$2C^{28}H^{10}O^{3},\ C^{28}H^{10}Br^{6},$$

ce qui faisait de ces composés des analogues de bichromate de chlorure de chrome. La découverte d'un hydrogène carboné

$$C^{28}H^{16} = C^{28}H^{10}H^{6},$$

analogue à l'ammoniaque, semblerait encore donner du poids à cette manière de voir.

Ces hypothèses, fort ingénieuses, rendent parfaitement compte des réactions produites par ces différents composés; mais comme on n'a pu, jusqu'à présent, isoler ni le benzoïle ni le benzogène; comme les huiles d'amandes amères, de cannelle, de cumin, etc., soumises à l'action du chlore ou du brome, ne donnent ni chlorures ni bromures bien définis qui correspondent aux radicaux qu'on suppose y exister, ou que du moins il est presque impossible de saisir l'époque à laquelle on doit arrêter l'action pour obtenir ces produits; comme enfin ces corps, soumis à l'influence du chlore, donnent, à quelque époque qu'on arrête l'action, des composés dans lesquels la somme des équivalents de chlore et d'hydrogène est égale au nombre d'équivalents d'hydrogène contenus dans la substance mère; il est plus convenable, ce me semble, de considérer l'huile d'amandes amères et ses congénères comme de véritables types (Dumas), dans lesquels les molécules sont groupées d'une manière analogue, et aptes à donner, par suite, des composés de nature semblable. En adoptant cette manière de voir, on reste dans le domaine des faits.

$C^{28}H^{12}O^{2}$ devient alors un type, une molécule mère, un chef de famille, qui peut échanger un ou plusieurs éléments simples pour un ou plusieurs éléments simples ou composés, sans que l'équilibre primitif se trouve détruit. Dès qu'un réactif produit une action dissociante sur la molécule, l'équilibre se trouble, et l'on se trouve alors jeté hors du type. Quelquefois le changement est complet, c'est-à-dire que le dérivé du produit primitif n'offre plus avec lui la moindre analogie; dans d'autres cas, au contraire, il existe une liaison très-simple entre ces deux produits.

Exemples :

Alcool et aldéhyde; sucre de cannes et acide lactique.

Ainsi,

$C^{28}H^{12}O^{2}$ perd H^{2} et gagne Cl^{2}, Br^{2}, Cy^{2}, etc.,
ou perd H^{4} et gagne Cl^{4}, Br^{4}, Cy^{4}, etc.
. . . .

Tous ces produits peuvent s'obtenir à l'état d'isolement; leur existence exclut toute hypothèse. Que les éléments y soient groupés plutôt d'une façon que d'une autre, cela n'est nullement douteux; mais, dans l'état actuel de nos connaissances sur les matières organiques, nous n'avons pas de données suffisantes, nous ne possédons pas de renseignements assez précis pour assigner à ces produits une formule définitive qui représente leur véritable groupement. Il est bien certain que, dans divers composés, l'hydrogène se trouve sous des formes différentes; dans une circonstance donnée on ne peut, sous une influence déshydrogénante, enlever à la substance qu'un certain nombre d'équivalents d'hydrogène, ceux qui restent dans la molécule modifiée présentant dans ce cas une résistance qui limite l'action. Vient-on, au contraire, à faire varier les conditions, alors une nouvelle quantité d'hydrogène peut être enlevée par le réactif. C'est ainsi que l'éther $C^8H^{10}O$, qui perd H^4 à l'ombre, sous l'influence du chlore, et pas davantage, quelque prolongé que soit le contact, perd le reste, c'est-à-dire H^6, lorsqu'on fait intervenir la lumière solaire.

Toutes les formules dites *rationnelles,* employées pour représenter la constitution intime des corps, doivent donc être plutôt regardées, ainsi que l'a depuis longtemps proposé M. Chevreul, comme des compositions équivalentes, propres à indiquer la composition probable de la substance, et par suite à diriger les recherches à entreprendre.

Les composés qui appartiennent au type aldéhyde ne renferment pas tous 2 molécules d'oxygène, à la manière des essences d'amandes amères et de cumin; il en est qui renferment 4 molécules de ce corps simple; tel est le cas de l'huile volatile d'ulmaire, que M. Piria a reproduite en oxydant la salycine par l'acide chromique, et qu'il a, par suite, désignée sous le nom d'*hydrure de salycile.* Cet hydrure se comporte, à l'égard des oxydes, comme un véritable hydracide, ce qui justifie parfaitement son nom. Dans cette circonstance il se produit de l'eau qu'on peut éliminer en soumettant la matière à une température convenable, et des composés désignés sous le nom de *salycilures.* Il diffère donc complétement des produits précédents, dont aucun ne manifeste ces propriétés.

On n'a pu jusqu'à présent, malgré quelques essais tentés dans cette direction, isoler le composé $C^{28}H^{10}O^4$, ce qui trancherait évidemment la question, en nous éclairant sur la constitution rationnelle de l'hydrure de salycile, qui quitterait alors la classe des aldéhydes pour se placer à côté de l'acide cyanhydrique. La coumarine ou stéaroptène de la fève tonka, qui, d'après les expériences de M. Delalande, possède une relation de composition fort simple avec le salycile, paraît être un radical libre, qui serait à ce dernier ce que le cinnamyle est au benzoïle; et de même que de la série cinnamique on passe à la série benzoïque par l'élimination d'un carbure d'hydrogène C^8H^4, de même on passerait de la série coumarique à la série salycilique par l'élimination du même carbure d'hydrogène. Du reste, les composés du type salycile sont évidemment des corps à part, doués de propriétés vraiment singulières, et qu'on ne retrouve dans aucune substance analogue.

Nous venons de rappeler que l'huile de cannelle se transforme facilement en huile d'amandes amères, qui n'en diffère que par C^8H^4 en moins, ainsi qu'on peut le voir par la formule suivante:

$$C^{36}H^{16}O^2 - C^8H^4 = C^{28}H^{12}O^2.$$

Essence de cannelle. Essence d'amandes amères.

Toutes les fois que la première se trouve soumise à une influence oxydante quelconque, le carbure d'hydrogène est brûlé, et l'on retombe dans la série benzoïque, qui présente une stabilité beaucoup plus considérable.

L'essence d'anis nous fournit des résultats semblables; sous des influences oxydantes elle perd, ainsi que nous l'avons vu, C^8H^8, et l'on retombe dans la série de l'anisyle, analogue à la série du benzoïle.

L'action exercée par l'ammoniaque, sans nulle exception, sur toutes les huiles du genre aldéhyde, est certes fort remarquable. Les nouveaux produits qui en résultent renferment tous un nombre fractionnaire d'équivalents d'azote; à moins qu'on ne suppose qu'il n'y ait eu, pendant cette action, une condensation de la molécule; ce qui ne paraîtra pas bien extraordinaire, si l'on se rappelle la tendance qu'a l'aldéhyde à prendre un état de condensation plus considérable. Si l'on admet, en effet, que celle-ci se soit triplée au moment où l'hydrogène de l'ammoniaque exerce une action réductrice sur l'oxygène de l'aldéhyde, ce nombre fractionnaire disparaît complétement. Ainsi, dans le cas particulier de l'hydrure d'anisyle, on a

$$C^{32}H^{16}O^4 + Az\tfrac{4}{3}H^4 = C^{32}H^{16}Az\tfrac{4}{3}O^2 + H^4O^2,$$

ou mieux

$$3C^{32}H^{16}O^4 + 2Az^2H^6 = C^{96}H^{48}Az^4O^6 + 6H^2O.$$

Les huiles volatiles de cannelle et d'amandes amères donnent de semblables résultats qui s'expliqueraient de même.

16.

Les composés qui prennent ainsi naissance dans l'action réciproque des aldéhydes et de l'ammoniaque ne jouissent pas de propriétés basiques. Ces matières paraissent éprouver, de la part de l'hydrate de potasse amené à la température de la fusion, des transformations assez remarquables. M. Rochleder, qui s'est occupé de l'action de cet alcali sur l'hydrobenzamide, a constaté qu'il ne se produit pas la moindre trace d'acide benzoïque dans cette circonstance, mais plusieurs corps cristallisés, présentant une composition fort simple, et dont la production dépend de la température. Il se forme en outre du carbonate de potasse et du cyanure de potassium.

L'hydrure d'anisyle, bien que renfermant 4 atomes d'oxygène dans sa molécule, et fournissant par suite un acide à 6 atomes d'oxygène, se rapproche néanmoins plus par l'ensemble de ses propriétés de l'huile d'amandes amères, que de l'hydrure de salycile.

Et, en effet, l'hydrure d'anisyle, dont les propriétés sont calquées sur celle de l'huile d'amandes amères, ne s'unit point aux bases, ainsi que cette dernière, et n'éprouve d'altération, de la part des alcalis, que dans le cas où l'oxygène intervient.

Les bases alcalines ou les acides énergiques exercent sur ces composés, ainsi que sur un grand nombre d'huiles essentielles, une action très-digne d'intérêt. En effet, il résulte de ce contact de nouveaux produits isomères, dont le groupement moléculaire est différent, et qui, par suite, offrent des propriétés différentes.

C'est ainsi que l'essence d'amandes amères se convertit tout entière, dans l'espace de quelques heures, sous l'influence d'une dissolution alcoolique de potasse, en un produit solide et cristallisé connu sous le nom de *benzoïne*. Celle-ci, qui possède la même composition en centièmes que l'hydrure de benzoïle, en diffère entièrement par l'ensemble de ses propriétés, comme on peut le voir par la comparaison suivante:

Tandis que l'huile d'amandes amères, exposée au contact de l'atmosphère, en fixe l'oxygène en se convertissant en acide benzoïque, la benzoïne ne paraît, au contraire, éprouver aucune altération.

L'huile d'amandes amères, sous l'influence de l'hydrate de potasse et de la chaleur, se convertit en acide benzoïque par une simple fixation de 2 molécules d'oxygène; la benzoïne, dans les mêmes circonstances, donne de l'acide *benzilique* par fixation de 2 molécules d'eau.

Sous l'influence du chlore ou du brome, l'hydrure de benzoïle perd de l'hydrogène qu'il échange contre des quantités équivalentes de l'un ou de l'autre de ces corps simples; la benzoïne perd de l'hydrogène sous les mêmes influences sans rien gagner, en donnant une substance isomérique avec le radical hypothétique *benzoïle.*

Avec l'ammoniaque, l'hydrure de benzoïle donne une combinaison azotée, l'hydrobenzamide; la benzoïne fournit, sous l'influence du même agent, un composé isomère, mais non identique.

Or, si l'on examine la composition de l'acide benzilique, on reconnaît qu'à l'état libre il est représenté par la formule

$$C^{56}H^{24}O^{6},$$

qui peut saturer 1 atome de base. Sa production, au moyen du benzile, s'explique d'une manière fort simple, car on a

$$\underset{\text{Benzile.}}{C^{56}H^{20}O^{4}} + H^{4}O^{2} = \underset{\text{Acide benzilique.}}{C^{56}H^{24}O^{6}}.$$

La formule de la benzoïne doit alors être, fort probablement, $C^{56}H^{24}O^{4}$. Ce produit ne différerait ainsi de l'huile d'amandes amères que par une condensation double.

D'après les expériences de M. Piria, l'hydrure de salycile absorbe l'acide sulfurique anhydre avec dégagement de chaleur en prenant une couleur rouge intense. Le produit, traité par l'eau, lui cède l'acide sulfurique, et laisse un produit solide qui se dissout dans l'alcool ou l'éther, et se sépare de ces dissolvants sous forme de tables douées d'un grand éclat. Les analyses faites par ce chimiste assignent à ce produit une composition identique à celle de l'hydrure de salycile. Son étude, qui n'a pas encore été faite, conduira sans aucun doute à des résultats intéressants.

L'essence d'anis concrète, sous l'influence de l'acide sulfurique concentré, de l'acide phosphorique anhydre ou de quelques chlorures métalliques, se transforme en un produit solide et cristallisable, l'*anisoïne*, qui possède la même composition. Cette dernière, qui partage les propriétés des résines, se détruit à la distillation en fournissant un produit liquide isomérique avec les précédents. Ces deux dernières substances diffèrent essentiellement de l'huile concrète d'anis et de l'huile liquide de fenouil, en ce qu'elles ne fournissent pas d'acide anisique sous des influences oxydantes.

Ces cas d'isomérie, qui se multiplient aujourd'hui dans les substances tirées du règne organique, nous autorisent à penser qu'il doit en être de même des matières de la nature minérale. Ainsi l'analyse des protoxydes de cobalt et de nickel nous apprend que ces composés renferment des quantités égales d'oxygène et de radicaux dont la molécule possède le même poids, tout en manifestant des propriétés différentes. L'analyse des acides molybdique et tungstique nous fait voir que ces composés renferment, pour une même proportion d'oxygène, des quantités de radicaux dont les poids sont entre eux comme les nombres 1 et 2. L'iridium et le platine, le chrome et manganèse nous offrent de pareils exemples. N'existerait-il pas, à l'égard de ces radicaux, des isoméries et des polyméries semblables à celles que nous venons de signaler, ainsi que semblerait l'admettre M. Dumas dans son *Essai de Philosophie chimique?* L'étude des matières organiques nous a fourni des renseignements utiles qui nous permettront sans doute un jour de réduire de beaucoup ces êtres qu'on désigne sous le nom d'*éléments*, et qui nous offriront sans doute des cas d'isomérie semblables à ceux que nous présentent l'hydrure de salycile et l'acide benzoïque, le méthylène et le gaz oléfiant. Le problème de la transmutation des métaux paraît plus rationnel à mesure que la science avance, et des expériences convenablement dirigées à l'égard des substances minérales nous conduiront sans doute à des résultats d'une haute valeur. La découverte de l'uranium par M. Peligot, et tous les faits nouveaux qui en découlent, sont des garants de l'intérêt que nous promet cette étude. Si les composés de la nature minérale nous ont paru plus simples que ceux de la nature organique, c'est, il faut l'avouer, parce que nous avons fait réagir les corps inorganiques dans des circonstances telles, que des corps stables étaient seuls possibles; et l'on sait par expérience que ces derniers possèdent, en général, une composition simple.

Le carbone, l'hydrogène et l'oxygène peuvent s'unir en un très-grand nombre de proportions, et produire une foule de composés doués des propriétés les plus différentes : mais qu'on fasse réagir ces corps à une température élevée, et trois composés seulement seront possibles, savoir : l'eau, l'oxyde de carbone, l'acide carbonique.

Aujourd'hui qu'on a transporté dans la chimie minérale les moyens d'action de la chimie organique, nous voyons qu'on parvient à produire des composés nombreux présentant cette existence éphémère des matières organiques. Le chlore, le soufre, le chrome, etc., nous en offrent des exemples frappants.

Le *genre acide* est beaucoup moins répandu dans la nature que les précédents; l'huile essentielle de girofle peut en être considérée comme le type. La nature intime de ce composé nous est encore inconnue. Bien que susceptible de s'unir à la plupart des bases, il diffère néanmoins des acides ordinaires. Ainsi l'on sait que tous les acides volatils monobasiques possèdent la propriété de s'éthérifier, soit qu'on les fasse réagir seuls sur l'alcool, soit qu'on fasse intervenir un acide minéral pour faciliter l'action : l'acide eugénique en paraît complétement dépourvu. Ce composé paraît plutôt devoir se ranger à côté de la créosote et de ces huiles pesantes obtenues par M. Deville dans la distillation de quelques résines. L'hydrate de phényle de M. Laurent paraît encore appartenir à ce groupe.

L'étude de l'huile volatile pesante, fournie par les fleurs du *Gaultheria procumbens,* qui, quoique possédant la composition des éthers neutres ordinaires, présente les propriétés d'un acide analogue à l'acide eugénique, m'avait conduit à penser que l'huile de girofle pourrait bien être un corps de la même nature; mes prévisions ont été complétement trompées. Sous l'influence de la potasse dissoute dans l'alcool ou dans l'eau, je n'ai pu parvenir à réduire l'huile de girofle en deux composés, dont l'un fût doué de propriétés acides, et l'autre de propriétés basiques. Je n'ai pas été plus heureux en remplaçant la dissolution de potasse par l'hydrate chauffé à la température de la fusion.

Le salycilate de méthylène, qui forme avec les bases minérales des combinaisons cristallisées si bien définies, ne peut pas plus que l'acide eugénique former des combinaisons avec les éthers de l'alcool et de l'esprit-de-bois; comme ce dernier, il est neutre aux réactifs colorés.

Quels sont donc maintenant les caractères qui serviront à définir les acides?

Dans quelle catégorie devrons-nous donc placer les huiles de girofle et de gaultheria qui s'unissent aux bases avec une si grande facilité; qui, de plus, forment avec ces derniers des composés si bien définis?

Pourquoi l'acide salycilique est-il le seul, jusqu'à présent, qui jouisse de la propriété de former des éthers neutres fonctionnant à la manière des acides? Nous sommes impuissants à le dire, et nous sommes réduits à admettre que cela tient sans doute au groupement particulier de ses molécules, ce qui n'est qu'écarter la difficulté sans en donner d'explication.

En terminant l'histoire de ce genre, j'insisterai seulement sur ce fait, qu'aucun des produits qui lui appartiennent, et qui, à la vérité, sont en très-petit nombre, ne peut s'éthérifier, ce qui le différencie complétement des acides volatils ordinaires.

Je ne dirai que fort peu de mots du dernier groupe d'essences formées de carbone, d'hydrogène et d'oxygène, non que parmi ces composés, qui sont nombreux, il n'en existe qui ne présentent des résultats curieux, mais parce qu'on trouve de l'un à l'autre des variations telles, qu'il est bien difficile d'en grouper deux ou trois l'un à côté de l'autre, de manière à pouvoir constituer une sorte de famille naturelle, ainsi que nous avons pu le faire avec les composés que nous venons de passer en revue. Ici, nous ne trouverons que des substances éparses, dont quelques-unes nous offriront des résultats très-dignes de fixer l'attention, mais qui perdent de leur intérêt, faute de pouvoir se relier les unes aux autres.

L'un des corps les plus intéressants de ce dernier groupe est, sans contredit, le camphre des Laurinées; j'ai relu avec soin tout ce qui a été fait sur cette matière, espérant pouvoir la faire rentrer dans l'un des groupes précédents; malheureusement je n'ai pu y parvenir. Quelques-unes de ses réactions tendraient à la classer parmi les alcools: ainsi le camphre, sous l'influence de l'acide phosphorique anhydre, se résout en eau H^4O^2, et en un carbure d'hydrogène $C^{40}H^{28}$; le camphogène à la manière de l'alcool et de ses congénères. Il s'unit aussi, comme l'alcool, à l'acide sulfurique, et forme un acide copulé, l'acide sulfocamphique, qui produit, avec la plupart des bases, des combinaisons cristallisées; mais cet acide diffère complétement de l'acide sulfovinique sous le point de vue de la constitution moléculaire; car il ne renferme que 1 équivalent d'acide sulfurique pour 1 équivalent de matière organique, et les sels qu'il forme renferment 1 équivalent de base qui sature l'acide sulfurique du nouvel acide. Les sulfocamphates sont donc représentés par la formule générale

$$SO^3, C^{40}H^{32}O^2, MO,$$

bien différents des sulfovinates

$$2SO^3, C^8H^{10}O, MO = SO^3, MO + SO^3, C^8H^{10}O,$$

qu'on peut considérer comme des sels doubles résultant de l'union de 1 molécule de sulfate d'oxyde d'éthyle et de 1 molécule d'un sulfate à base métallique. En outre, les acides non oxygénants n'ont pu, jusqu'à présent, soit seuls, soit additionnés d'un acide minéral, donner lieu à la formation d'aucun produit analogue aux éthers composés.

Sous l'influence des acides sulfurique et nitrique, le camphre engendre des produits remarquables, mais dont on ne retrouve pas d'analogues dans l'histoire de l'alcool.

Le premier de ces deux acides, lorsqu'il est au maximum de concentration, et qu'on fait en outre intervenir une température de 80 à 100 degrés, le transforme, d'après M. Delalande, en un produit liquide à la température ordinaire, qui possède exactement la composition du camphre lui-même.

Le second transforme ce corps en un acide (acide camphorique) dans lequel on retrouve tout le carbone et tout l'hydrogène du camphre, et qui résulte de la fixation de 6 atomes d'oxygène sur la molécule de ce produit, résultat bien différent de la conversion de l'alcool en acide acétique, dans laquelle il y a perte de 2 molécules d'hydrogène. Enfin le camphre éprouve, de la part de l'hydrate de potasse en fusion, un genre d'action qui le rapproche de la benzoïne. En effet, d'après les expériences de M. Delalande, il fixerait 2 molécules d'eau pour constituer l'acide campholique $C^{40}H^{32}O^{2} + H^{4}O^{2}$ analogue à l'acide benzilique, dont on peut représenter la composition par $C^{56}H^{20}O^{4} + H^{4}O^{2}$.

Telles sont, en somme, les réactions principales que nous offre le camphre extrait du *Laurus camphora*.

Cette substance présente quelques cas d'isomérie curieux, qui n'ont point été étudiés jusqu'à présent, quoique bien dignes de l'être. Ainsi, d'après Robert Kane, l'essence de *Mentha pulegium* renfermerait, pour les neuf dixièmes environ, un produit isomérique avec le camphre, et qui possède en outre le même état de condensation.

On obtient aussi, d'après le même chimiste, comme résidu de la distillation de l'acétone brute, une substance qu'il a désignée sous le nom de *dumasine*, qui posséderait exactement la composition du camphre avec un état de condensation identique.

Il y a là d'importantes questions à résoudre. D'abord il faudrait rechercher, par de nouvelles analyses exécutées avec beaucoup de soin, s'il y a bien, en effet, identité de composition entre ces différents produits; et ce fait une fois constaté, il faudrait examiner comparativement la manière d'être des différents réactifs sur ces trois substances. C'est en étudiant à fond, et d'une manière attentive, l'action de réactifs bien choisis sur des produits isomériques, qu'on pourra tirer un jour quelque induction sur l'arrangement probable des molécules, et l'influence qui peut résulter de cet arrangement sur les propriétés des corps. Poursuivre une pareille étude serait plus profitable à la science que la découverte de composés nouveaux qui, en agrandissant le cercle de nos connaissances, n'apporte pas de grandes lumières en ce qui touche la nature intime des corps.

L'hellénine, principe cristallisable et volatil de la racine d'aunée, les essences concrètes de cèdre et de menthe poivrée, l'huile solide extraite du *Dryabalanops camphora,* etc., se rapprochent du camphre ordinaire, à quelques égards, mais s'en éloignent bientôt lorsqu'on les soumet à un examen comparatif un peu sérieux. Ainsi les quatre produits dont je viens de rappeler les noms se comportent, il est vrai, avec l'acide phosphorique anhydre, à la manière du camphre : cet acide, en fixant 2 molécules d'eau, en sépare bien un carbure d'hydrogène qui correspond, et par sa composition et par l'état de condensation qu'il présente, à la substance employée. Ces mêmes produits paraissent bien aussi s'unir à l'acide sulfurique, et former des acides copulés; mais là cesse toute analogie.

L'acide nitrique, à quelque état de concentration qu'on le prenne, ne donne rien de comparable à l'acide camphorique. L'action n'est jamais nette; et les produits qui ont été examinés, du moins avec l'hellénine et l'essence de menthe poivrée, n'offrent aucune relation simple avec la substance primitive.

La potasse solide, chauffée jusqu'à fusion, ne donne pas de meilleurs résultats. Il n'y a, jusqu'à présent, qu'un point bien net dans l'histoire de ces composés; c'est la transformation en eau et en un carbure d'hydrogène, opérée sous l'influence de l'acide phosphorique anhydre; ce qui me porte à croire, d'après ce que j'ai fait observer plus haut (en traitant du genre alcool), touchant l'action de cet acide sur les substances organiques volatiles, que ces différents composés dérivent d'hydrogènes carbonés qui se sont unis à 2 molécules d'eau dans des circonstances que nous ne savons pas encore apprécier; et ce qui me semble donner un certain poids à cette manière de voir, c'est que l'huile de cèdre cristallisée et le camphre de Bornéo sont toujours accompagnés, le premier, d'un corps identique au cédrène; le second, d'un corps identique au bornéène, extraits de ces produits au moyen de l'acide phosphorique anhydre.

La liste des composés contenus dans ce dernier groupe est nombreuse, mais la plupart ne sont guère connus que par des formules qui servent à en représenter la composition probable ; les réactions manquent complétement : aussi bon nombre d'entre eux rentreront-ils sans doute dans les groupes précédents. C'est ainsi que les essences de cumin et de valériane sont sorties de cette catégorie pour prendre place dans le genre aldéhyde.

Il est, dans ce dernier groupe, une essence qui doit évidemment le quitter pour rentrer dans l'un des précédents, mais dont le classement présente beaucoup de difficultés, ainsi qu'on en pourra juger; je veux parler de l'huile essentielle extraite du *Ruta graveolens*. Cette essence, purifiée par quelques rectifications, possède un point d'ébullition fixe ; exposée à une température de — 1 à — 2 degrés, elle cristallise en entier sous forme de lamelles brillantes, analogues à celles de l'essence d'anis, mais présentant plus de transparence.

Elle bout régulièrement, et sans éprouver d'altération, à la température de 228 à 230 degrés. Soumise à l'analyse, cette matière donne les résultats suivants :

I. $0^{gr},403$ de matière ont donné 0,466 d'eau et 1,132 d'acide carbonique.

II. $0^{gr},613$ du même produit ont donné 0,712 d'eau et 1,725 d'acide carbonique.

III. $0^{gr},377$ d'un second échantillon ont donné 0,433 d'eau et 1,063 d'acide carbonique.

Ces résultats, traduits en centièmes, donnent:

	I.	II.	III.
Carbone........	76,59	76,75	76,89
Hydrogène......	12,83	12,89	12,76
Oxygène........	10,58	10,36	10,35
	100,00	100,00	100,00

et conduisent à la formule

$$C^{40}H^{40}O^{2}.$$

En effet, le calcul donne

C^{10}	1500,00	76,8
H^{10}	250,00	12,8
O^{2}	200,00	10,4
	1950,00	100,0

formule qui se trouve en outre contrôlée par la densité de vapeur. L'expérience donne en effet :

Température de l'air.	20°
Température de la vapeur.	300°
Excès de poids du ballon.	$0^{gr},596$
Capacité du ballon.	$245^{c.c.}$
Baromètre.	$0^{m},760$
Air restant.	0

ce qui donne, pour le poids du titre, le nombre 7,586 ; et, par suite, pour la densité cherchée, 5,83.

Le calcul donnerait 5,46.

Traitée par l'acide nitrique concentré, cette essence se convertit en entier en un acide liquide huileux, volatil, présentant quelque analogie, sous le rapport de l'odeur, avec les acides caprique et caproïque, et qui, d'après plusieurs analyses que j'en ai exécutées, et que je ne rapporterai point ici, peut être représentée par la formule

$$C^{10}H^{10}O^{2}.$$

Ce dernier, que je désignerai sous le nom d'*acide rutique*, appartient, comme on le voit, à cette série remarquable d'acides signalée par M. Dumas, dont l'acide formique constitue le premier terme, et dont le dernier terme connu serait l'acide cérosique, $C^{96}H^{96}O^{4}$, obtenu récemment par M. Lewy, en traitant la cérosie par la chaux potassée.

Si l'on compare la composition de l'acide rutique avec celle de l'essence de rue, on observe entre ces deux produits une relation des plus simples, la première ne différant du second que par simple fixation de 2 molécules d'oxygène. Or c'est précisément là la relation que présentent les aldéhydes et les acides qu'elles fournissent par oxydation. Mais l'essence de rue n'éprouve aucune altération de la part de la potasse hydratée, même à la température de la fusion de cette dernière, et ne donne pas non plus d'acide rutique par simple exposition à l'air; de plus, d'après les expériences de M. Francis Scribe, qui s'occupe en ce moment de l'étude de cette huile, elle est susceptible de se transformer, sous l'influence de l'acide phosphorique anhydre ou du chlorure de zinc, en un carbure d'hydrogène, qui possède exactement la composition du gaz oléfiant. S'il en est ainsi, l'essence de rue ne saurait être rangée ni dans la classe des alcools, ni dans celle des aldéhydes.

Je serais disposé à considérer ce produit, quoique s'écartant du type aldéhyde par quelques-unes de ses réactions, comme très-voisin de ce genre, le fait de la transformation totale de l'huile en un acide qui n'en diffère que par fixation de 2 molécules d'oxygène me paraissant parler hautement en faveur de cette opinion.

Ce qu'il y a de bien certain, c'est que la formule $C^{56}H^{56}O^{3}$, admise par M. Will, pour représenter la composition de l'essence, ne s'accorde nullement avec la densité de vapeur que nous avons déterminée à plusieurs reprises, M. Scribe et moi, sur différents échantillons, et qui nous a toujours donné des nombres parfaitement concordants; elle ne s'accorde pas non plus davantage avec celle de l'acide rutique, produit unique de l'oxydation de l'essence par l'acide nitrique. M. Scribe, qui s'occupe de ce sujet, et qui a contrôlé les résultats précédents par des analyses nombreuses, apportera sans doute prochainement des faits dont la discussion servira à éclairer l'histoire de ce produit.

A ce dernier groupe appartiennent encore les huiles si nombreuses de la famille des Labiées, telles que les essences de romarin, de lavande, etc., que M. Kane considère comme des combinaisons définies de l'eau avec un carbure d'hydrogène isomérique de l'huile de térébenthine. Mais ces différents produits ne présentent pas de point d'ébullition fixe, et ne sont, très-probablement, que des mélanges de substances diverses. Comme on n'a fait, jusqu'à présent, aucune tentative pour arriver à la séparation des principes immédiats qui peuvent entrer dans la composition de ces mélanges, nous ne nous livrerons à aucune discussion sur ce sujet, qui réclame de nouvelles recherches.

Enfin, il est un dernier groupe d'huiles volatiles dont je dirai quelques mots seulement en terminant l'histoire de ces produits. Celui-ci, qui n'est pas le moins important, comprend les essences qui renferment au nombre de leurs éléments du soufre et de l'azote.

A ce groupe appartiennent les essences de moutarde, de raifort, de cochléaria, qui, de même que l'huile d'amandes amères, n'existent pas toutes formées dans les végétaux qui servent à les produire, mais sont le résultat de l'action d'un ferment sur une substance analogue à l'amygdaline par les transformations qu'elle éprouve. Les essences d'ail et d'oignon, qu'on peut ranger dans cette catégorie, n'en diffèrent que parce qu'elles se trouvent toutes formées dans les bulbes de ces végétaux.

Ces composés présentent ce fait curieux, que, mis en présence de l'ammoniaque, ils donnent naissance à une substance cristallisée dans laquelle il n'est plus possible de déceler la présence de l'ammoniaque ni celle de l'huile primitive, et qui paraît se comporter comme une base; mais ce qu'il y a surtout de fort remarquable, c'est que le composé ammoniacal, étant traité par les oxydes de plomb ou de mercure, abandonne à l'un ou l'autre de ces métaux le soufre qu'il contient, et donne naissance à de nouvelles combinaisons qui jouissent des propriétés des bases salifiables.

Les huiles de cette nature, qui ont été examinées jusqu'à présent, sont entièrement exemptes d'oxygène : le soufre qu'elles renferment paraît en tenir la place. Lorsqu'on les mêle avec de l'oxyde de plomb récemment précipité, ou de l'oxyde de mercure finement pulvérisé, en ayant soin d'employer ces oxydes en excès et d'aider la réaction par une douce chaleur, les métaux s'emparent du soufre, l'oxygène prend la place, du carbone est en outre éliminé à l'état d'acide carbonique, et l'on obtient un produit cristallisable, soluble dans l'alcool et dans l'eau, qu'on peut purifier en lui faisant subir une ou deux cristallisations dans l'un ou l'autre de ces véhicules. Cette substance est encore douée de propriétés alcalines très-prononcées.

Le chlore, la potasse hydratée, l'acide azotique donnent, avec ces substances, des produits nombreux qui n'ont été qu'entrevus, et qui mériteraient d'être étudiés avec soin; il en est de même des bases nouvelles qui se forment par la décomposition de la combinaison ammoniacale.

Il y a trois ou quatre ans à peine, on était dans une ignorance absolue tant sur l'origine de ces produits que sur les dérivés intéressants et nombreux auxquels ils donnent naissance. Grâce aux recherches de MM. Robiquet et Bussy, Boutron et Fremy, Simon et Löwig, leur histoire s'est éclaircie, et ce groupe offre aujourd'hui non-seulement des résultats curieux et inattendus acquis à la science, mais les résultats acquis permettent d'en prévoir d'autres non moins importants.

Il est à regretter qu'on ne puisse se procurer ces huiles qu'en faible proportion, car leur étude promet évidemment une ample moisson de faits nouveaux.

Je profiterai de cette occasion pour signaler un fait que je viens d'observer tout récemment: c'est qu'en faisant agir à chaud les sulfo-mésitylates alcalins sur une dissolution aqueuse de monosulfure de potassium, on obtient un composé représenté par la formule

$$C^{12}H^{10}S,$$

et qui présente, par conséquent, la composition de l'huile d'ail analysée par M. Wertheim. Reste maintenant à en faire l'étude, afin de s'assurer si ces deux produits sont identiques.

Nous ne saurions nous livrer encore à une discussion relative à ces produits, les recherches dont ils ont été jusqu'à présent l'objet n'étant pas suffisamment complètes.

Nous voyons donc, en résumé, que les essences formées de deux ou trois éléments peuvent se séparer en deux catégories bien tranchées: l'une, comprenant tous les composés qu'on peut diviser en groupes ou familles naturelles comparables, sous le rapport des analogies que présentent entre eux les corps qui les composent, aux familles naturelles de la chimie minérale; tandis que l'autre, au contraire, renferme les essences peu étudiées, ou qui, par l'ensemble de leurs réactions, ne sauraient rentrer dans la catégorie précédente.

La première nous offre des composés nombreux pleins d'intérêt, tant par l'analogie que présentent ceux qui appartiennent à une même famille, que par la netteté des réactions que fournissent ces mêmes composés et la nature des dérivés qui en sont le résultat. L'étude approfondie qui en a été faite depuis vingt années par un grand nombre de chimistes n'a pas été sans influence sur les progrès de la chimie organique. Nous avons vu qu'il est possible d'établir, à l'égard de ces composés, assez complexes au premier abord, une classification simple, entièrement basée sur l'expérience.

La seconde catégorie, quoique renfermant encore aujourd'hui des composés nombreux, tend néanmoins à se restreindre chaque jour, à mesure que des investigations, dirigées avec soin et persévérance, viennent livrer à la discussion des faits qui servent à nous fixer sur la véritable place que ces composés doivent occuper. Si quelques-uns d'entre eux ne peuvent rentrer directement dans la première catégorie, on parvient, du moins dans quelques cas, à produire des dérivés qui viennent s'y placer. C'est ainsi que les essences d'anis, de badiane, d'estragon, de fenouil, qui ne sauraient y trouver place par elles-mêmes, fournissent, sous des influences oxydantes, un composé identique, l'hydrure d'anisyle, qui vient se ranger dans la famille des aldéhydes.

Espérons que, lorsque les diverses essences qui restent à examiner, et dont quelques-unes ne nous sont guère connues que de nom, auront été convenablement étudiées, cette seconde catégorie disparaîtra complétement, ou que du moins les essences qui y resteront comprises pourront se diviser en différents groupes jouissant de caractères bien déterminés. Quant aux essences sulfurées, ce sont des corps à part. Leur étude, à peine ébauchée, présente néanmoins un intérêt puissant, tant sous le rapport de leur mode de formation que sous celui des composés nombreux et intéressants qui résultent de leur contact avec les réactifs. L'action de l'ammoniaque, des alcalis, des oxydes métalliques des dernières sections, de l'acide nitrique, etc., tout en nous faisant connaître des composés nombreux, nous apprend tout le parti qu'on peut tirer de l'emploi des réactifs sur ces sortes de produits. Une fois que nous connaîtrons bien la nature des dérivés qui naissent de ces réactions, nous pourrons sans doute nous former une opinion sur la constitution de ces composés, ce qui serait encore trop prématuré dans l'état actuel de nos connaissances; mais une fois que l'étude chimique des diverses essences aura été exécutée; une fois que chacune d'elles aura trouvé sa place dans l'un des cadres que nous avons indiqués, tout ne sera pas fait en ce qui regarde l'histoire de ces produits: il nous restera certes encore un problème important à résoudre, c'est celui de la formation de ces huiles si diverses dans l'acte de la végétation, et des transformations qu'elles éprouvent ensuite dans le végétal qui a servi à les produire.

Je ne désespère pas qu'en continuant des études dirigées depuis bientôt sept ans sur ces matières, je ne parvienne à apporter à la science quelques faits qui jettent un peu de lumière sur ces questions ardues; j'emploierai du moins tous mes efforts à atteindre ce but.

Vu et approuvé,

Le 15 Janvier 1845.

Le Doyen de la Faculté des Sciences,

DUMAS.

Permis d'imprimer,

L'Inspecteur général des Études,

chargé de l'administration de l'Académie de Paris,

ROUSSELLE.

THÈSE DE PHYSIQUE.

RECHERCHES

RELATIVES A

L'INFLUENCE DE LA TEMPÉRATURE

SUR LES DENSITÉS DE VAPEUR DES CORPS COMPOSÉS.

Tout le monde sait le parti qu'on a tiré, dans ces dernières années, de la détermination de la densité de vapeur des corps simples et composés pour fixer leur équivalent chimique. Les recherches entreprises, sur ce sujet d'abord, par M. Dumas, puis continuées par M. Mitscherlich, ont conduit à d'importants résultats pour la chimie moléculaire.

Les travaux si remarquables de M. Gay-Lussac sur les combinaisons gazeuses, ayant conduit ce physicien à établir qu'il entre dans ces sortes de combinaisons des volumes de chacun des gaz simples employés à les former, qui sont entre eux dans des rapports fort simples, on avait cru pouvoir déduire du volume de la vapeur que fournit un composé, le volume que donnerait un des corps simples qui le constituent, en se fondant sur les analogies que présente ce corps avec d'autres pour lesquels on aurait pu faire directement cette détermination. C'est ainsi qu'en consultant les analogies si frappantes du soufre et de l'oxygène, on avait déduit de la densité du gaz sulfhydrique le nombre 2,22 pour représenter la densité de vapeur de soufre, en considérant ce gaz comme formé de $\frac{1}{2}$ volume de vapeur de soufre et de 1 volume d'hydrogène, à la manière de l'eau.

Tel est, en effet, le nombre que devrait fournir la vapeur de ce corps, en admettant, avec Ampère, que tous les gaz simples renferment, sous le même volume, le même nombre d'atomes; mais la détermination directe de la densité de vapeur du soufre opérée par M. Dumas à plusieurs reprises, et en s'entourant de tous les soins imaginables, a conduit ce chimiste au nombre 6,65, triple du précédent.

D'après cette recherche, le soufre à l'état gazeux contiendrait donc trois fois plus d'atomes qu'un égal volume d'oxygène. Or, l'analogie des composés formés par le soufre et par l'oxygène, l'isomorphisme de certaines combinaisons oxygénées et sulfurées, nous conduit à admettre, dans ces dernières, le tiers de l'atome déduit de l'expérience directe. Néanmoins, comme la densité de la vapeur du soufre a été prise à 80 ou 100 degrés seulement au-dessus de son point d'ébullition, qui est fort élevé, tandis que la densité de l'oxygène a été déterminée à une température très-éloignée de son point de liquéfaction, et par conséquent dans des conditions très-différentes, peut-être serait-il possible qu'en opérant cette détermination à une température de 700 à 750 degrés, on obtînt des résultats différents, en se plaçant ainsi dans des circonstances plus comparables à celles dans lesquelles on a opéré pour l'oxygène.

Le phosphore et l'arsenic ont également fourni à M. Dumas des nombres différents de ceux qu'on avait été conduit à admettre en partant de la densité des hydrogènes phosphorés et arséniés.

Il serait d'une haute importance, pour la chimie moléculaire, de pouvoir parvenir à déterminer d'une manière directe la densité de vapeur des corps simples et des différents composés auxquels ils donnent naissance; malheureusement cette détermination n'est praticable que dans un très-petit nombre de cas, en raison de la haute température à laquelle la plupart de ces produits entrent en ébullition, et par suite de l'altération des vases qui servent à les contenir à ces températures. La méthode suivie pour déterminer la densité des gaz permanents n'étant plus applicable lorsqu'il s'agit de prendre la densité des vapeurs des liquides ou des solides volatils sans décomposition, on a dû nécessairement rechercher d'autres procédés.

Le premier, qu'on doit à M. Gay-Lussac, ne peut guère s'appliquer qu'à des corps dont le point d'ébullition est inférieur à 200 degrés. Il consiste à déterminer le volume qu'occuperait un poids connu de vapeur; c'est, par conséquent, le problème renversé. En opérant dans une éprouvette graduée avec soin, on peut déterminer rigoureusement le volume de cette vapeur; connaissant, en outre, sa température et la pression qu'elle supporte, pression qui est mesurée par la hauteur barométrique diminuée de la différence de hauteur des niveaux du mercure dans l'éprouvette et dans la chaudière, on a tous les éléments nécessaires à la détermination.

La seconde méthode, imaginée par M. Dumas, permet de déterminer la densité de vapeur des corps à des températures qui peuvent s'élever jusqu'à 450 à 500 degrés. L'appareil fort ingénieux dont ce chimiste a fait usage est, en outre, d'une simplicité parfaite: il se compose d'un ballon de verre dont on a préalablement étiré le col en pointe capillaire; on introduit alors dans ce ballon la substance qu'on doit réduire en vapeur. On fixe ensuite ce dernier au moyen de deux disques parallèles maintenus entre deux plans verticaux; deux vis qu'on peut abaisser, permettent de presser sur le disque supérieur, de manière à maintenir le ballon dans une position invariable. On porte alors l'appareil, ainsi disposé, dans un bain d'eau, d'huile ou d'un alliage fusible, suivant la température qu'on veut atteindre. La matière qu'il contient entre bientôt en ébullition, sa vapeur chasse l'air du ballon; quand on n'observe plus de jet de vapeur, on ferme à la lampe la pointe du ballon et on le laisse refroidir. Connaissant la température de l'air, celle du bain, le volume de la capacité intérieure du ballon à cette température, le poids de la vapeur et la pression barométrique au moment de la fermeture, on peut, à l'aide d'un calcul fort simple, déterminer la valeur de la densité cherchée.

Mais ce procédé, si parfait lorsqu'il s'agit de déterminer la densité de vapeurs de substances qui bouillent au-dessous de 350 à 400 degrés, ne peut guère être mis en pratique lorsque la matière doit être portée à des températures plus élevées.

Afin d'effectuer cette détermination dans les hautes températures, M. Mitscherlich a fait usage d'un appareil fort simple. Celui-ci consiste en un cylindre de fer de 3 centimètres d'épaisseur, fermé à l'une de ses extrémités que l'on place sur un fourneau à air, dont on peut régler la température à volonté. On peut ainsi porter le cylindre au rouge vif dans toutes ses parties et d'une manière égale. Dans ce cylindre on place l'appareil qui contient le thermomètre à air et le tube qui renferme la substance à vaporiser.

Cet appareil se compose de deux cylindres concentriques qui peuvent entrer l'un dans l'autre et qui sont fermés devant et derrière. Dans le plus petit on a disposé des tiges munies de crochets recourbés, destinés à recevoir le thermomètre à air, et le tube de verre qui contient la substance. Aux couvercles qui servent à fermer les cylindres intérieurs se trouvent des ouvertures qui laissent passer les extrémités des tubes.

Lorsque le cylindre de fonte commence à rougir, on y introduit l'appareil. Sous l'influence de la chaleur, l'air commence par se dégager, et les vapeurs qui se développent finissent par l'expulser en entier. Lorsque le dégagement des vapeurs vient à cesser, on fond rapidement les extrémités du tube et du thermomètre à air, puis on retire l'appareil qu'on laisse refroidir lentement.

Afin d'obtenir des résultats exacts, on s'arrange de façon que le thermomètre à air et le tube qui contient la substance soient de grandeur et d'épaisseur égales; ils sont échauffés par de l'air chaud qui circule autour d'eux. Il serait préférable d'imprimer à l'appareil un mouvement de rotation, les tubes se trouveraient alors placés dans des circonstances parfaitement identiques. Connaissant ainsi la température à laquelle la substance a été soumise, température qu'on déduit du rapport du volume de l'air à o degré et au moment de la fermeture; connaissant, en outre, le poids de la vapeur et la pression, on a tous les élements nécessaires pour arriver à la connaissance de la densité cherchée.

L'expérience ayant appris que toute molécule composée, réduite en vapeur, donnait quelquefois 2 volumes, le plus souvent 4 volumes, on mit cette observation à profit pour fixer l'équivalent des substances neutres volatiles. C'est en partant de cette donnée qu'on établit l'équivalent de l'alcool, de l'éther, des éthers composés, du camphre, de plusieurs huiles essentielles, et d'un grand nombre de carbures d'hydrogène.

MM. Dumas et Kane signalèrent plus tard un autre mode de groupement assez bizarre: l'un relatif à l'acide acétique, l'autre relatif au forméthylal produit dérivé de l'esprit-de-bois par oxydation.

L'équivalent de ce dernier composé donnait, en effet, 6 volumes de vapeur, d'après M. Kane. M. Malaguti fit disparaître complétement cette anomalie, en démontrant que la substance précédente n'était pas un produit unique, ainsi qu'on l'avait admis, mais bien qu'elle était formée d'un mélange de formiate de méthylène et de méthylal composé, dont la molécule donne 4 volumes de vapeur.

Restait donc l'acide acétique qui avait fourni à M. Dumas, dans dix à douze expériences, des nombres compris entre 2,7 et 2,8 ; ce qui correspond à 3 volumes de vapeur. On arrive, en effet, exactement à ce nombre, toutes les fois qu'on opère à 30 ou 35 degrés au-dessus du point d'ébullition de l'acide; mais si l'on prend cette densité à 110 ou 120 degrés environ au-dessus de ce point, on obtient le nombre 2,08 qui correspond à 4 volumes de vapeur. En déterminant cette densité à 200 ou 220 degrés au-dessus du point d'ébullition, on obtient le même nombre, et celui-ci demeurerait probablement constant jusqu'à l'époque à laquelle l'acide acétique éprouve, de la part de la chaleur, une action dissociante qui tend à la transformer en des composés plus simples, acide carbonique, eau, esprit pyroacétique.

Depuis 120 degrés, température à laquelle l'acide acétique entre en ébullition, jusqu'à 220 à 230 degrés, la vapeur de ce produit fournit des nombres qui vont toujours en décroissant. J'ai fait cette détermination de 10 en 10 degrés, et l'on pourra voir, en consultant les tableaux qui suivent, qu'il n'existe point de limites de températures entre lesquelles la vapeur acétique présente un groupement particulier.

Les acides butyrique et valérianique, qui appartiennent au même groupe que l'acide acétique, donnent des résultats semblables. On obtient des écarts considérables suivant la température à laquelle on opère cette détermination; mais jamais pour l'un ou l'autre de ces produits on n'arrive à 3 volumes. Cette division de la molécule n'existe donc pas, et les nombres qui ont conduit à ce résultat sont un pur effet du hasard.

L'acide formique le plus simple des acides de ce groupe donne également, à une température peu supérieure à celle de son point d'ébullition, des nombres qui s'écartent considérablement de celui que fournit cette vapeur à 100 degrés au-dessus de ce terme, qui représente alors 4 volumes de vapeur, et qui reste constant jusqu'à l'époque où ce produit éprouve de la part de la chaleur une décomposition complète.

Si l'on examine les alcools qui correspondent à ces différents acides, tels que l'esprit-de-bois, l'alcool, l'huile de pomme de terre, on ne retrouve plus ces écarts fournis par les acides.

La plupart des éthers composés se comportent de la même manière.

L'eau fournit un écart peu sensible lorsqu'on prend la densité de sa vapeur à 7 ou 8 degrés seulement au-dessus du point d'ébullition.

Plusieurs carbures d'hydrogène donnent des nombres qui se confondent presque avec les nombres théoriques.

Pour certaines huiles essentielles (essence d'anis, de rue, etc.), on obtient des écarts très-grands comparables à ceux que nous ont offerts les acides du groupe acétique.

Je commencerai par disposer, sous forme de tableaux, les résultats de mes expériences; la discussion en deviendra, de cette façon, d'une simplicité parfaite.

Acide acétique cristallisé, $C^8H^8O^4$.

Température de la vapeur.	Densité cherchée.	Moyenne.
124°	3,198	3,194
124°	3,191	
125°	3,180	3,180
130°	3,118	3,105
130°	3,095	
140°	2,917	2,907
140°	2,898	
152°	2,727	2,727
160°	2,604	2,604
162°	2,583	2,583
170°	2,480	2,480
171°	2,472	2,472
179°	2,442	2,442
180°	2,438	2,438
190°	2,378	2,378
200°	2,241	2,248
200°	2,256	
219°	2,132	2,132
231°	2,101	2,101
240°	2,09	2,09
252°	2,09	2,09
272°	2,088	2,088
295°	2,083	2,083
308°	2,085	2,085
321°	2,083	2,083
327°	2,085	2,085
336°	2,082	2,082

Acide butyrique à 1 équivalent d'eau, $C^{16}H^{16}O^4$; *point d'ébullition fixe à* 162 *degrés*

Température de la vapeur.	Densité cherchée.
168°	3,859
176°,5	3,726
208°	3,470
213°	3,378
228°	3,221
249°	3,134
261°	3,097
301°	3,069
320°	3,072

Acide valérianique à 1 équivalent d'eau, $C^{20}H^{20}O^{4}$; *point d'ébullition fixe à 176 degrés.*

Température de la vapeur.	Densité cherchée.
184°	4,196
200°	3,902
212°	3,730
230°	3,625
250°	3,578
270°	3,558
285°	3,556
300°	3,559

Acide formique monohydraté cristallisable; point d'ébullition constant entre 99 *et* 100 *degrés, sous la pression de* 0^{m},762.

Température de la vapeur.	Densité cherchée.
110°	2,225
116°	2,145
125°	2,054
150°	1,860
173°	1,730
200°	1,622
219°	1,589
240°	1,593
275°	1,582

Densité de la vapeur d'eau à diverses températures.

Température de la vapeur.	Densité cherchée.
107°	0,645
108°	0,641
110°	0,640
120°	0,625
130°	0,621
140°	0,6205
150°	0,6198
175°	0,6207
200°	0,6192
215°	0,6205
230°	0,6191
245°	0,6187
250°	0,6182

Densité de la vapeur d'esprit-de-bois, $C^4H^8O^2$.

Température de la vapeur.	Densité cherchée.
70°	1,300
85°	1,250
100°	1,113
120°	1,115
136°	1,1135
160°	1,112
175°	1,110
200°	1,114

Alcool absolu, $C^8H^{12}O^2$; *point d'ébullition fixe à* 78°,5.

Température de la vapeur.	Densité cherchée.
88°	1,725
98°	1,649
110°	1,610
125°	1,603
150°	1,604
175°	1,607
200°	1,602

Alcool amylique, $C^{20}H^{24}O^2$; *point d'ébullition fixe à* 132°,5.

Température de la vapeur.	Densité cherchée.
140°	3,241
151°	3,176
172°	3,108
185°	3,099
200°	3,093
225°	3,097
250°	3,095
280°	3,089

Densité de la vapeur d'éther; point d'ébullition fixe à 36 degrés.

Température de la vapeur.	Densité cherchée.
48°	2,627
50°	2,629
59°	2,597
70°	2,570
82°	2,564
98°	2,548
112°	2,549
140°	2,543
175°	2,550
200°	2,545

Densité de vapeur du cumène, $C^{36}H^{24}$; *point d'ébullition fixe à* 144 *degrés.*

Température de la vapeur.	Densité cherchée.
175°	4,186
200°	4,162

Densité de vapeur du cymène, $C^{40}H^{28}$; *point d'ébullition fixe à* 165°,5.

Température de la vapeur.	Densité cherchée.
200°	4,72

Densité de vapeur de l'essence de térébenthine, $C^{40}H^{32}$; *point d'ébullition fixe à* 155 *degrés.*

Température de la vapeur.	Densité cherchée.
182°	4,835
200°	4,798
225°	4,802

Densité de vapeur de l'éther acétique.

Température de la vapeur.	Densité cherchée.
100°	3,105
150°	3,063
200°	3,071

Densité de vapeur de l'acétate de méthylène.

Température de la vapeur.	Densité cherchée.
80°	2,599
100°	2,582
150°	2,584
200°	2,578

Densité de vapeur de l'éther benzoïque.

Température de la vapeur.	Densité cherchée.
238°	5,252
250°	5,245
275°	5,242

Densité de vapeur de la benzine.

Température de la vapeur.	Densité cherchée.
92°	2,772
100°	2,735
120°	2,733
135°	2,740
150°	2,730
200°	2,736
250°	2,729

Densité de vapeur de l'essence d'anis.

Température de la vapeur.	Densité cherchée.
245°	6,001
260°	5,750
275°	5,592
290°	5,426
310°	5,310
325°	5,241
340°	5,198

Si l'on jette un coup d'œil sur les résultats précédents, on pourra se convaincre que pour la plupart des carbures d'hydrogène, et notamment pour ceux dont la volatilité est assez grande, l'écart entre le calcul et l'observation est toujours assez faible et disparaît entièrement, pour certains d'entre eux, à 25 ou 30 degrés au delà du point d'ébullition.

La benzine, à 15 degrés au-dessus du point d'ébullition, donne, en effet, un nombre presque identique à celui qu'on déduit de la théorie. La densité de vapeur des différents alcools, prise à de faibles distances de leur point d'ébullition, donne un écart toujours peu considérable; et 35 ou 40 degrés au delà, on retombe exactement sur la densité théorique.

L'éther donne des résultats semblables.

L'éther acétique, isomère de l'acide butyrique, donne, à 25 degrés au delà du point d'ébullition, un nombre qui se confond avec celui qu'on déduit du calcul; tandis que dans les mêmes circonstances, l'acide butyrique donne un écart de 0,5.

Les acides volatils dérivés des alcools (formique, acétique, butyrique, valérianique) donnent des écarts très-considérables lorsqu'on détermine la densité de leur vapeur à quelques degrés au delà de leur point d'ébullition. Ainsi à 8 ou 10 degrés au-dessus de ce terme,

Pour l'acide acétique par exemple, on observe une différence. de 1,10
Pour l'acide butyrique. . . . . de 0,78
Pour l'acide valérianique. de 0,63
Pour l'acide formique . . . . de 0,63

A 30 degrés au delà du point d'ébullition, ou pour la plupart des substances, on obtient une densité qui s'accorde avec la théorie; on a :

Pour l'acide acétique, une différence. . . . . de 0,67
Pour l'acide butyrique. . . . . de 0,50
Pour l'acide valérianique. de 0,30
Pour l'acide formique . . . . de 0,45

Ces nombres me donneront l'occasion de faire une remarque à laquelle on n'eût certes pas pu s'attendre à priori; c'est que pour une même série de composés, en opérant à égale distance de leur point d'ébullition, l'écart entre la densité observée et la densité théorique est quelquefois d'autant moins considérable, que le poids de la molécule est plus élevé.

L'essence d'anis concrète et l'essence de fenouil amer, son isomère, donnent également des écarts très-considérables, à tel point qu'à l'époque où je publiai mes recherches sur ces matières, admettant, avec tous les chimistes, qu'à 30 ou 40 degrés au plus au delà du point d'ébullition, on obtenait la véritable densité de la substance, je ne pus me servir de cette donnée pour contrôler la formule admise par

M. Dumas, et que les produits nombreux et bien définis que j'obtins ne servirent qu'à confirmer.

Il découle donc naturellement de mes recherches, que la densité de vapeur d'un composé volatil sans décomposition ne pourra servir à fixer le poids moléculaire de ce composé, qu'autant qu'on aura fait cette détermination à deux températures très-différentes : l'une à 25 ou 30 degrés au-dessus du point d'ébullition, comme on avait coutume de le faire, ce qui suffit dans la plupart des cas; l'autre à 80 ou 100 degrés au delà de ce terme.

Ces résultats, rapprochés de ceux de M. Regnault sur la dilatation des gaz à diverses pressions, prouvent évidemment que, dans les gaz et les vapeurs, la cohésion ne devient entièrement nulle qu'à une distance assez éloignée de la température où le liquide qui sert à fournir le gaz ou la vapeur entre en ébullition.

Il est bien évident que pour les vapeurs formique, acétique, butyrique, valérianique, anisique, le coefficient de dilatation varie jusqu'à un certain terme où il devient alors égal à celui de tous les gaz : resterait à déterminer ce coefficient de dilatation, c'est ce que je me propose de faire.

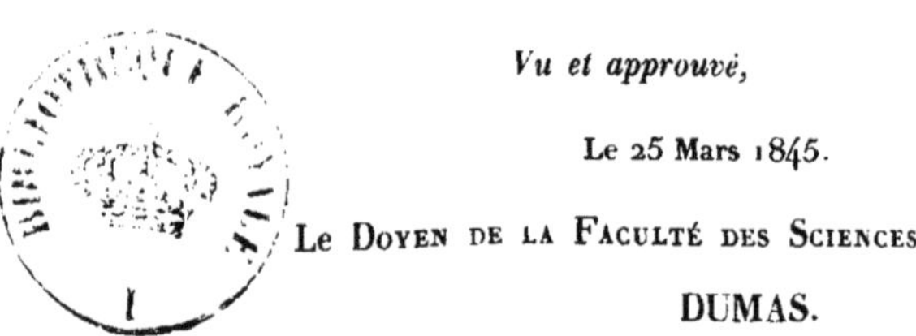

Vu et approuvé,

Le 25 Mars 1845.

Le Doyen de la Faculté des Sciences,

DUMAS.

Permis d'imprimer,

L'Inspecteur général des Études,

chargé de l'administration de l'Académie de Paris,

ROUSSELLE.